传统与现代：
英国特色城镇

柳娥 著

中国林业出版社

图书在版编目（CIP）数据

传统与现代：英国特色城镇 / 柳娥著. —— 北京：中国林业出版社, 2023.2
ISBN 978-7-5219-1857-1

Ⅰ.①传… Ⅱ.①柳… Ⅲ.①城市化—研究—英国 Ⅳ.①F299.561.1

中国版本图书馆CIP数据核字(2022)第162090号

策划编辑：何蕊
责任编辑：许凯　何蕊
封面设计：北京八度印象图文设计有限公司
——————————
出版发行：中国林业出版社
　　　　（100009，北京市西城区刘海胡同7号，电话 010-83143580）
电子邮箱：cfphzbs@163.com
网　址：www.forestry.gov.cn/lycb.html
印　刷：北京中科印刷有限公司
版　次：2023年2月第1版
印　次：2023年2月第1次印刷
开　本：710mm×1000mm　1/16
印　张：14.75
字　数：260千字
定　价：88.00元

前言

英国是全球最早完成城市化与工业化的国家，其城市化问题一直备受学界瞩目。不同学科侧重于城市化的不同方面，经济学关注国民经济由第一产业向第二、第三产业的转移与发展，人口学强调乡村地区人口数量下降与城市居民在总人口中的比例不断提高，地理学考察的主要是农村居民向城市的持续流动，而社会学考量的是乡村移民的身份、生活方式与价值观念是否市民化等。尽管不同学科对城市化内涵的理解各异，但把城市化水平作为衡量一个地区乃至国家发展进步的标尺已成为共识。近年来，随着城市化研究的不断深入，人们认识到工业革命时代以来英国的城市化有着深厚的历史渊源，是经济、人口与社会诸多因素综合作用的结果。英国的城市规划者和学术界，从法律制度建设到城市发展形态方面，都为现代城市建设树立了典范。在法律建设方面，英国在全球率先制定了《城市规划法》；在制度建设方面，建立了"从摇篮到坟墓"的福利制度；在城市规划方面，提出了"田园城市"和"卫星城"的理念；在城市发展进程方面，探索实现了郊区城市化。

回顾英国长达几个世纪的城市化过程，英国一度引领着全球城市化发展的潮流，其城市化有经验亦有教训，英国的城市化探索是发展中国家进行城市化的一面镜子。城市化发展在创造了空前的财富与繁华的同时，也引发了严重的生态环境问题。例如，发生在1952年的伦敦烟雾事件，造成4000多人丧生，成为20世纪十大环境公害事件之一。英国的城市化进程对今日中国之城市化发展具有现实意义。笔者有幸受国家留学基金委资助，2017年3月至2018年3月赴英国牛津大学访学，其间造访了英格兰、苏格兰的20余座城镇，以及牛津周边星罗棋布的村庄。从中挑选出各具特色的10座城镇和乡村，论述了其发展策略，以期为中国城市化发展从业人员提供借鉴。

本书第一章介绍了牛津大学所在地牛津市，重点从文化、景观、建筑、交通、零排放城市建设几方面探析牛津市的绿色发展之路；第二章介绍了位于科茨沃尔德核心区的水上伯顿，探索了英国乡村绿色旅游发展之路；第三章分析了巴斯市的遗产管理实践及管理机制，探索了英国城镇在实现综合性保护历史遗产的同时在管理上创造经济效益，找到保护与开发之间的平衡；第四章介绍了北约克郡，通过探访古街巷、古建筑、古遗址，阐述约克郡的历史文化和古城保护的具体做法；第五章剖析了斯特拉福德在产业发展的过程中如何充分利用名人效应，将英国特有的传统景观文化与时俱进地融入城镇建设中；第六章分析了温德米尔小镇的发展路径，探讨湖区是如何利用自然及旅游资源禀赋实现在保护中发展，探索国家公园居民共治的管理模式；第七章阐述了圣安德鲁斯以高尔夫为主的体育小镇发展做法，从体育设施、体育活动、体育商业服务和体育公共服务等方面探索体育小镇发展思路；第八章介绍了爱丁堡以"有机更新"为导向的新城、老城和谐共生的做法，探讨了爱丁堡如何由单一遗产旅游目的地、高季节性旅游城市转型升级为全年、全域、全球旅游目的地的世界典范；第九章分析了奥古斯都堡基于尼斯湖怪的休闲旅游发展策略，以及在这一过程中如何融合地方文化，引发人们的历史想象与文化思考，进而形成对这一地域的文化精神认知；第十章探索了布里斯托从港口到工业中心，再到高科技中心，从绿色城市到智慧城市，勇于创新且善于利用自身的优势，不断挑战自我的转型之路。

　　本书受到西南林业大学农林经济管理一级学科建设项目资助。本书部分资料及图片来源于科茨沃尔德保护委员会、莎士比亚诞生地基金会、董祥勇、柳江、姜华、朱海鸥等机构及个人。本书写作过程得到了家人、同事及部分研究生的支持与帮助。由于笔者时间和精力有限，书中还存在诸多问题，恳请读者谅解指正。

著者

2022 年 7 月

目录

- **第一章　学术圣殿——牛津**
  - 第一节　图书馆之城　　　　　　　　　　003
  - 第二节　尖塔之城　　　　　　　　　　　008
  - 第三节　博物馆之城　　　　　　　　　　012
  - 第四节　爱丽丝之城　　　　　　　　　　015
  - 第五节　零排放之城　　　　　　　　　　019

- **第二章　最美乡村——水上伯顿**
  - 第一节　英格兰就是乡村　　　　　　　　027
  - 第二节　乡村全产业链发展模式　　　　　031
  - 第三节　英国的水上威尼斯　　　　　　　034
  - 第四节　自下而上的乡村规划　　　　　　038
  - 第五节　田园城市之思　　　　　　　　　045

- **第三章　温泉之城——巴斯**
  - 第一节　罗马人的宝藏　　　　　　　　　053
  - 第二节　包容性遗产保护机制　　　　　　058
  - 第三节　渗透性景观规划　　　　　　　　062
  - 第四节　保护中传承　　　　　　　　　　067

- 第四章　玫瑰之城——约克
  - 第一节　玫瑰战争与英国崛起　　073
  - 第二节　约克大教堂　　075
  - 第三节　约克茶　　079
  - 第四节　历史与现代的存遗　　083

- 第五章　莎翁故里——斯特拉福德
  - 第一节　都铎式建筑的瑰宝　　097
  - 第二节　莎士比亚经济学　　103
  - 第三节　英国牡丹亭　　107
  - 第四节　与时代同行　　111

- 第六章　只此青绿——温德米尔
  - 第一节　英国人的后花园　　119
  - 第二节　诗意地栖息　　122
  - 第三节　集群化发展　　126
  - 第四节　从荒野乡村到国家公园　　130

- 第七章　高尔夫小城——圣安德鲁斯
  - 第一节　高尔夫故乡　　139
  - 第二节　高尔夫旅游　　141
  - 第三节　沙滩与古堡　　145
  - 第四节　体育小镇的兴起　　149

第八章　文学之都——爱丁堡

第一节　文学与艺术之城　　　　　157

第二节　舌尖上的想象力　　　　　165

第三节　爱丁堡学派　　　　　　　170

第四节　文化导向的城市更新　　　173

第九章　湖怪小镇——奥古斯都堡

第一节　高地初见　　　　　　　　181

第二节　勇敢的心　　　　　　　　186

第三节　湖怪趣谈　　　　　　　　190

第四节　景观叙事与地方认同　　　194

第十章　智慧城市——布里斯托

第一节　绿色之城　　　　　　　　203

第二节　克利夫顿悬索桥　　　　　207

第三节　文明与罪恶　　　　　　　211

第四节　一起向未来　　　　　　　217

参考文献　　　　　　　　　　　222

哥特式尖塔

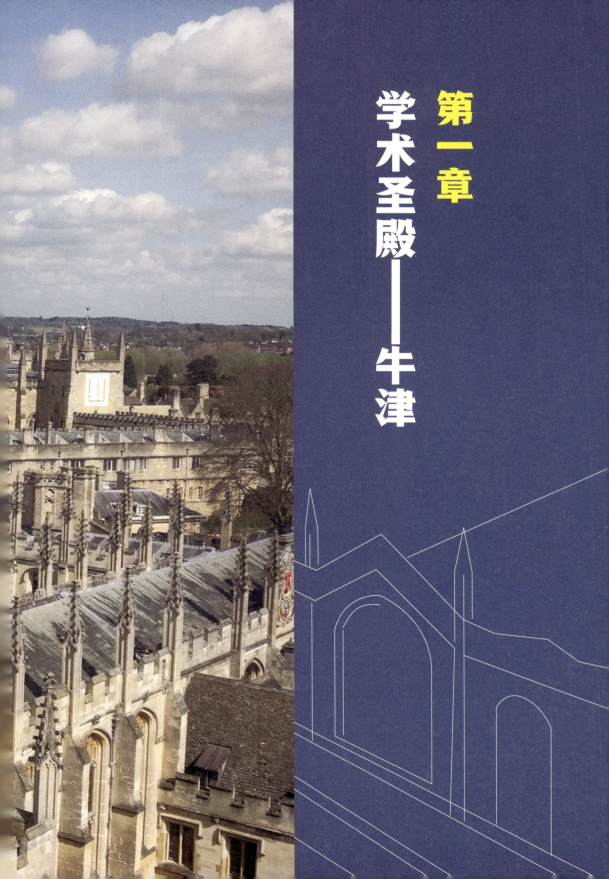

第一章
学术圣殿——牛津

牛津郡（Oxfordshire）是位于英格兰南部的行政和历史郡，下辖5个次级行政区：查韦尔、牛津市、南牛津郡、白马谷和西牛津郡。牛津由两个高地地区组成，被宽约10英里（16公里）的宽阔山谷隔开，几乎完全位于泰晤士河盆地内，泰晤士河从这里向南流动，然后向东和向北蜿蜒穿过亨利镇，进入泰晤士河下游盆地。牛津北接沃里克郡和北安普敦郡，西接格洛斯特郡，南接伯克郡，东接白金汉郡。牛津郡历史悠久，许多旧石器时代和中石器时代的文物从与泰晤士河接壤的洪泛平原砾石中发现。新石器时代的工具和陶器同样分布在牛津的许多地方，牛津郡与沃里克郡边界上的一些长手推车（墓葬品）也可以追溯到那个时期。多切斯特和阿尔切斯特是牛津郡最重要的罗马遗址，在罗马时代人口稠密。随后的撒克逊人定居点集中在泰晤士河沿线及其主要支流沿线的山谷地带，牛津郡先后成为威塞克斯和麦西亚的盎格鲁－撒克逊王国的一部分。在10世纪和11世纪，该地区被丹麦人占领。1086年，征服者威廉一世对英格兰进行土地调查时，该区人口众多，主要中心是牛津和班普顿，两者有定期市场。牛津的许多教会和家庭建筑都建于中世纪时期，位于牛津南部的伊夫利教堂是英格兰纯罗马式风格的最佳典范之一，班伯里南部的阿德伯里有一个十字形装饰风格的教堂，而洛弗尔大教堂则是纯粹的垂直风格。世俗建筑包括布劳顿城堡（14世纪）、斯托纳公园、斯坦顿哈考特（1450年）、查斯尔顿和布伦海姆宫（18世纪初），这些建筑在伍德斯托克附近，为马尔伯勒的第一任公爵约翰·丘吉尔建造，他是英国史上最伟大的首相之一。在英国内战（1642—1651年）期间，牛津是保皇派的总部，牛津镇和班伯里镇都曾一度被议会军队包围。农业在牛津郡占有十分重要的地位。牛津郡北部的高地对绵羊和耕地来说很重要，这里分布着很多大型农场。从中世纪直到近代，羊毛一直是其重要的经济支柱。山谷地区以种草为主，出产牛奶和牛肉。白马谷及其南部的丘陵北坡以盛产水果而著称。班伯里附近能够开采铁石、黏土、沙子和砾石。牛津郊区的考利是重要的工业中心，老牌英伦汽车名爵（MG）诞生于此。

本章主要从牛津大学的所在地牛津市（Oxford City）的历史和现代建筑、特色景点、代表性学院、博物馆，重点从文化、景观、建筑、交通、零排放城市建设几方面探析牛津的绿色发展之道。

图1-1 拉德克里夫图书馆

第一节 图书馆之城

  1801年,牛津还只是一个拥有约1.2万人的小集镇,其中许多人依靠大学谋生,但到20世纪初,印刷和出版业在该镇得到稳步发展,果酱制造也很受欢迎。到1901年,牛津大约有5万人。英国工业巨头威廉·莫里斯(后来的纳菲尔德勋爵)在城外的考利开始了汽车生产。组装厂以及相关的重型和电气工程企业是当地的主要工业企业。1926年,考利还成立了一家汽车车身压钢厂,1929年,城市的边界扩大到该工业区。现在的牛津市是一座充满活力的国际城市,人口数为151584(英国国家统计局2020年中统计)。33430名学生就读于牛津大学(University of Oxford)和牛津布鲁克斯大学(Oxford Brookes University)。在英格兰和威尔士的城市中,全日制学习中的成年人比例最高。牛津经济不断增长,2019年,4915家企业提供了12.1万个工作岗位,其中71%的工作在知识密集型企业;除此之外,至少4.6万人通勤到牛津工作。2016年英国经济的平均总增加值为67.5亿英镑,重点行业是教育(29.8%),人类健康和社会工作活动(18.2%),批发和零售贸易、机动车和摩托车维修

图1-2 叹息桥

（9.1%），以及专业、科学和技术活动（8.3%）。2014年有近700万游客来到这座城市，为牛津提供了超过1.3万个工作岗位。尽管如此，牛津的发展依然面临着来自各方的挑战，83个社区中有10个位列英格兰最贫困的社区，22%的成年人没有学历或学历低，扣除住房费用后，1/4的儿童生活在贫困线以下。2020年，平均房价为558216英镑，是平均年收入的11.4倍，三居室房屋的租金中位数超过收入中位数的一半。

牛津市是著名的牛津大学的所在地，作为世界闻名的顶尖学府，牛津大学在过去数百年间一直以其在教育、科研、医药、数学、经济及历史等各领域所取得的卓越成就而著称。牛津大学拥有约250门本科课程，以及超过300门研究生课程，吸引了超过22000名学生在此就读。其中，约40%的牛津学生来自世界各地。牛津大学是英国最大的科研中心。学校在世界顶尖刊物刊发的科研学术报告超过英国任何其他大学。同时，牛津大学也是全英拥有科研专利最多的学术机构，其下公司超过百家。目前，牛津地区的1500多家高科技企业中，多数都与学校有着深度合作。

作为英语世界最古老的大学，牛津大学拥有丰富和多样化的图书馆服务。牛津大学图书馆是世界上收藏书籍和手稿最多的图书馆之一，能够为读者提供多种服务。图书馆分为两类：研究型图书馆和独立图书馆。大学本身拥有的为全校师生提供服务的图书馆叫作研究型图书馆，如牛津大学图书馆、牛津大学法律图书馆、拉德克利夫科学图书馆、萨克勒图书馆、社会研究图书馆、泰勒制度图书馆等；各系、科、学院有自己的图书馆，这些图书馆的功能主要是为它们各自的成员服务，这些图书馆中某些早期收藏物也有研究价值，这样的图书馆叫作独立图书馆，分布在牛津的总数超过100个。独立图书馆有的是根据人物命名的，有的是根据学科命名的，有的是根据在线目录的编码命名的。

牛津的图书馆历史可以追溯至1320年的博德利图书馆（Bodleian Library），它是牛津大学最主要的图书馆，也是欧洲最古老的图书馆之一。2000年，学校为了方便管理，将众多学校内部的图书馆集中起来组建了博德利图书馆群（Bodleian Libraries），博德利图书馆群是牛津最具特色的历史建筑群。博德利图书馆群的使命一是提供卓越服务，以支持牛津大学的学习、教学和研究工作，二是为了学术和社会利益，开发和维护牛津独特的馆藏。图书馆群包括主要的大学图书馆——博德利图书馆，一个拥有400年历史的图书馆；以及整个牛津大学的27个其他图书馆，包括主要的研究图书馆和教职员工、部门和研究所图书馆。博德利图书馆现在是英国最大的学术图书馆服务机构，也是欧洲最大的图书馆服务机构之一。截至2022年，图书馆共拥有超过1300万份印刷品、8万多份电子期刊和优秀的特殊馆藏，包括稀有书籍和手稿、古典纸莎草纸、地图以及音乐、艺术印刷品。博德利图书馆建筑群是牛津大学文化社区的重要组成部分，并通过社区参与丰富多样的公共展览和活动计划。

拉德克里夫图书馆（Radcliffe Camera）是博德利图书馆群中最具代表性的标志性建筑。拉德克里夫图书馆由詹姆斯·吉布斯以新古典主义风格设计，建于1737—1739年。设计之初，图书馆藏书涵盖了广泛的主题，后来馆藏范围缩小到了自然科学领域，目前是历史系图书馆的所在地。值得一提的是，1935年，25岁的钱钟书先生获得中英庚款奖学金，带着妻子杨绛女士来到牛津大学埃克塞特学

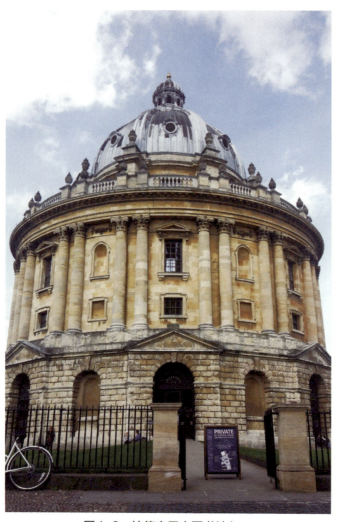

图1-3　拉德克里夫图书馆入口

院求学，完成了学位论文《十七和十八世纪英语文献里的中国》（ China in the English Literature of the Seventeenth and the Eighteenth Centuries ）。埃克塞特学院与拉德克里夫图书馆仅一街之隔，钱钟书先生经常到博德利图书馆查阅资料，他把博德利图书馆戏称为"饱蠹楼"，寓意自己是一只书虫，在书籍的盛宴中大快朵颐。

充满学术氛围的牛津，书店的密度相当高。欧洲最大的学术书店——黑井书店（Blackwell's Bookstore）就坐落在博德利图书馆对面，是游客造访牛津的观光点之一，在这里，游客可以购买到世界各地出版的书籍，如果书店没有现货，可以代为订购。这座百年老店的外表虽然不大起眼，但内部空间非常宽阔，需要依赖指示牌才能找到需要的类目。书店的顶层是二手书店，经常能找到很多绝版的好书。书店的墙上嵌着一块著名的木牌，已经有上百年的历史，上面写着："没有人会问你要什么，你可随手翻阅任何书籍，敬请自便。"如果你有需要，店员随时会为你服务。不论顾客是来看书或是买书，都会受到同样的欢迎。

图书馆是大学综合实力的最好体现。牛津大学图书馆合作的主要模式有：馆际互借；地区图书馆系统内部合作，侧重对特有资料的合作采购、收藏与保护，联合目录的编制；参考与情报服务合作；培训合作；同学科专业图书馆间的合作和同类型图书馆间的合作，侧重于外文资料检索、特种资料的合作采购、采购计划的协调、联合目录的编制、计算机系统的合作等。牛津大学各个图书馆的文献资料与电子资源随意利用畅通无阻，必要时可以向其他大学借阅。牛津大学图书馆在馆舍建筑方面，对环境和能源非常关注，一开始就注意到地下建筑在这方面的优越性。牛津大学的很多图书馆通过地下通道相连，地下书库和地下通道的建筑对环境、能源、资源等多方面都有积极意义。牛津大学图书馆对保存世界文化遗产和世界学术研究资源的贡献，实为历史长河中的一个佳例，值得国内关心文化传承和学术研究人士的关注和学习借鉴。

图1-4 尖塔入云

第二节 尖塔之城

牛津因其美丽的哥特式塔楼和尖塔的美丽天际线而被称为"尖塔之城"。牛津大学的建筑大多建于15世纪、16世纪和17世纪。牛津最早的学院是大学学院（1249年）、贝利奥学院（1263年）和莫顿学院（1264年）。每所学院都拥有两到三个合院、小教堂、大厅、图书馆和围墙花园。牛津大学具有独特的学院结构，共有39所学院，各个学院财务独立，高度自治，共同组成牛津大学联合体，属于联邦制。除此之外，还有六个永久性私人礼堂，与大学相似，它们的规模更小，并且由不同的基督教教派创立。学院和礼堂是紧密的学术社区，汇集了来自不同学科、文化和国家的学生和研究人员，这些杰出成果有助于培养众多领域的领导者。牛津的39个学院各具特色，如39颗珍珠般散落在牛津的各个角落，或处于闹市、或置身郊野，串联成牛津最靓丽的风景线。

牛津大学莫德林学院（Magdalen College）位于牛津市中心东南侧的查韦尔河（Cherwell River）畔，校园里除了教学楼，还有一个宽广的鹿园，环境清幽舒适，经常可以看到群鹿嬉戏于葱翠的绿野中，因而被誉为牛津大学最美学院。学院的历史可以追溯到1458年,由温彻斯特主教、亨利六世的大法官威廉·韦恩弗里特主持创建,英王亨利七世和他的儿子威尔士亲王都是莫德林的学生,威尔士亲王后来还亲自担任了莫德林的第二任院长,其弟亨利就是日后赫赫有名的亨利八世,爱德华八世与王尔德等都曾在此学习。王尔德这样回忆:"在这里的岁月是我最为灿烂的时光。我透过银镜子可以看到事物的影子。"除了鹿园,莫德林学院的著名景观还包括莫德林学院塔、莫德林学院桥,许多电影曾在这里取景。

五月的艳阳天里,莫德林塔顶唱诗班的歌声此起彼伏,随风飘扬,青年大学生们从莫德林桥纵身跃入川流不息的查韦尔河中,这是牛津一年一度的盛景。5月1日是英国传统的五朔节(May Day),然而它与国际劳动节并无关系,与基督教也没有联系。五朔节是一个非常古老的节日,在罗马时代即已存在。其最初的起源可能要追溯到新石器时代,大约公元1世纪罗马人占领了英格兰,把他们的传统带到了英格兰,后来英国人又把五月花柱和舞蹈带到了美国。5月1日在英国人的祖先——凯尔特人的历法中是夏季的第一天,它原是春末祭祀"花果女神"的日子。在度过漫长的寒冬后,当"五一"这天到来,英国人开始庆祝太阳终于又普照大地,并祈求风调雨顺、五谷丰登。人们用牛拉绳,在村庄的草地上

图1-5 圣玛丽教堂侧影

图1-6 圣玛丽教堂雕塑

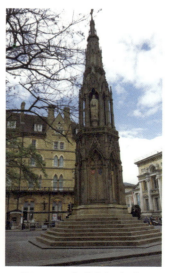
图1-7 殉道者纪念碑

图1-8　鹿园

图1-9　莫德林学院内部

图1-10　鸟瞰牛津

图1-11　莫德林学院内景

竖起高高的"五月柱",上面饰以绿叶,象征生命与丰收。所有的村民尤其是青年男女都围着"五月柱"翩翩起舞。姑娘们更是一早起来到村外林中采集花朵与朝露,并用露水洗脸,小女孩还把拾来的花草编成大花环,抬到街上去游行。17世纪的清教徒认为这种欢乐不合教义,曾一度禁止这项活动,还砍倒了"五月柱",到了1660年王政复辟后,这项活动才又恢复过来。

莫里斯舞表演是五朔节的重头戏,最早关于莫里斯舞的文字记载,出自莎士比亚的剧本《终成眷属》(All's Well that Ends Well)。根据书中的记载,莫里斯舞是五朔节上必有的项目之一。在莎士比亚的另一个剧本《亨利五世》(Henry V)中,也提到了五朔节上的莫里斯舞表演。时至今日,五朔节这一天清晨六点,莫德林学院的唱诗班会登上塔顶,开始高唱,数万人在莫德林塔周围聚集聆听演唱,载歌载舞,随后前往市中心游行,继续参加各种仪式和庆典。仪式是衡量文化变迁可观察的文化特质(culture trait)。仪式既是一种实践,也是一种符号和社会资本。通过仪式的展演,局内人和局外人都感受到了群体的存在,为当地社会带来了多元的文化色彩。人们通过仪式加强了群体互动和社会交往,个体通过参与仪式构建各自的互动网络。传承仪式的意义,在于通过仪式传承了仪式的实践和社会资本,使仪式成为一个群体的共享财富和认同基础,每个成员都可以在仪式构建的强大社会网络中寻求到或多或少的支持。牛津的师生在适应和改造自身活动地域的自然环境和人文环境的同时，形成相对稳定的历史传统和文化积淀，凝聚着群体共同记忆，延续和传承着牛津文化的精髓。

除了古老的学院之外，牛津还有很多面向未来的现代建筑，传统与现代在这里碰撞，摩擦出一朵朵智慧的火花，彰显着这座城市的创新与活力。弗洛里大厦（Florey Building，建于1968—1971年）由英国后现代主义建筑大师詹姆斯·斯特林（James Stirling）和他的同伴设计，作为皇后学院的学生宿舍，其不寻常的雕塑形状和大胆使用鲜红砖并没有迎合所有人的喜好。2009年被列为二级建筑，建筑的弧形玻璃正面形成一个私人庭院，目的是供路人从河边步行道上观看，但这条步道一直没有建成。由建筑师迪克森琼斯（Dixon Jones）设计的赛德商学院（建于2002年）以金字形塔为标志，是牛津天际线上的一道美丽风景，它包含一个有时用于公共表演的圆形剧场。新生化大楼（Frideswide Square，建于2008年）由霍金斯·布朗设计，该建筑色彩缤纷的玻璃和钢制外观让人们可以看到正在进行的尖端研究工作。科学发现的过程中伴随着艺术设计，折射在了五色斑斓的玻璃窗上。

英国是高等教育最发达的国家之一，拥有全球最完善的教育系统，广泛影响着全球。世界名校云集于此，100多所大学拥有最优质的教育资源，吸引着世界各地的学子。除享誉全球的剑桥、牛津这两所大学外，还有维多利亚时代创建的六大重要工业城的大学：伯明翰大学、曼彻斯特大学、布里斯托大学、利兹大学、谢菲尔德大学和利物浦大学，它们被誉为"红砖大学"，是英格兰地区最著名、最顶尖的老牌名校，不仅校园环境优美，学院建筑壮观，而且培养了大批国际领袖和人才。仅以牛津大学这所英国历史最悠久的名校为例，迄今为止共培养出英国历史上6位国王和30位首相，以及数十位世界各国元首、政商界领袖，如美国前总统克林顿，新加坡前总理李光耀等。截至2017年，共有69位诺贝尔奖得主曾在牛津大学学习或工作过。英国大学成为培养世界各领域精英和顶级人才的摇篮。英国政府深谙游客想领略世界名校风范，对学术殿堂崇尚、敬仰和期盼的心理，借助名校品牌，深度开发文化旅游资源，使得该国教育文化资源成了文化旅游的一大亮点。

图1-12 皮特·里弗斯博物馆入口

第三节　博物馆之城

　　牛津的大小博物馆有数十个,除了赫赫有名的阿什莫林博物馆、自然历史博物馆,还有备受喜爱的皮特·里弗斯博物馆(Pitt Rivers Museum)。该馆建于1884年,在一座并不宏大的建筑内收藏了超过50万件来自世界各地以及人类各个时期的物品、照片和手稿。其中包括具有仪式意义的特殊物品,以及为游客或贸易制作的物品。皮特·里弗斯博物馆深受世人喜爱,是人类学民族志博物馆的先驱。这里也是一个充满争议的空间,不同历史在这里相互碰撞,英国殖民历史的物品与最时髦(或更古老)的物品并排放置。策划哪个空间安置哪些收藏是博物馆面临的巨大挑战。博物馆有意识地陈列展品:文物按类型排列成"物的民主",而不是按时间或地区。这揭示了不同文化之间迷人的区别和相似之处,并鼓励人们对人类解决问题以及理解和探索世界各地生活方式提供参考。馆藏品的范围和深度都非同寻常,包括具有历史、社会和仪式意义的物品,融合了来自世界各地的伟大艺术、技术、发明和设计作品。该博物馆对所有年龄段的公众开放,而不仅仅是大学生。研究人员在这里进行世界领先的保护和研究,以创新的公共项目以及与当地社区和藏品来源地的合作而闻名。皮特·里弗斯博物馆被誉为"博物馆中的博物馆",虽然很多原始展览已经不复存在了。随着时间的推移,博物馆一直在适应和变化,通过更新展示、增加藏品并有意识地保持相关性。通过开展变革性工作以确保藏品对当代观众仍然有意义,同时保持多层次和密集的展示,这些展示激发并吸引着几代游客。

皮特·里弗斯中将原名奥古斯都·亨利·莱恩·福克斯(Augustus Henry Lane Fox),1827年出生于约克郡。1841年,他进入桑赫斯特皇家军事学院,并于1845年被委任为掷弹兵卫队长。他参与了克里米亚战争,并在马耳他、英国、加拿大和爱尔兰服役。他于1882年退役,时年55岁,至中将军衔。1880年,他从他的叔叔那里继承了庄园和Pitt Rivers的名字。当时的乡村庄园是一笔可观的财产,皮特·里弗斯因而获得了优渥的年收入。在他的余生中,他是一位生活富足的地主。1882年,皮特·里弗斯被任命为第一任古代古迹检查员。1884年,在考古学和进化人类学发展领域颇具影响力的人物皮特·里弗斯(Pitt Rivers)中将他的藏品捐赠给了牛津大学。1900年去世,享年73岁。皮特·里弗斯对收集考古和民族志物品的兴趣源于他早期对枪支的专业兴趣,一开始他主要收集各种攻防武器,后来拓展到武器以外的物品。人们普遍认为,皮特·里弗斯本人很少进行实地收集,但事实上,他在马耳他服役期间和克里米亚战争期间获得了不少战利品。晚年,他在国外工作旅行和度假期间又收集了一些藏品。但绝大多数来自经销商、拍卖行和人类学研究所的其他成员。皮特·里弗斯将他的收藏品交给了牛津大学,条件是建造一个博物馆来陈列,并任命一名讲师来教授相关知识

图1-13 皮特·里弗斯博物馆(自然历史博物馆)外观

和历史。

该博物馆于1887年首次向公众开放，并于1892年全面开放。在大多数民族志和考古博物馆中，物品是根据地理或文化区域排列的。而在皮特·里弗斯博物馆，它们是按类型排列的：乐器、武器、面具、纺织品、珠宝和工具都被展示出来，以展示存在、认识和复制的多种方式。平行和并列显示了在不同的时间不同的人如何用各种各样的方法来解决类似的问题。许多展品看起来非常拥挤，因为总藏品的很大一部分都在展出。如果仔细看，会发现陈列中提供了大量关于个体的信息，但背后的故事还有许多没被讲述。

博物馆的展品为什么要保留旧标签？标签是博物馆展示的一个重要特征。每件物品都有一个带有基本信息的标签，包括其唯一的"入藏"编号，以帮助工作人员在博物馆的记录中对其进行跟踪。博物馆使用的第一个标签很小，带有手写信息。这些信息被保留了下来，它们提供了对第一批博物馆工作人员的状态以及人类学历史的一瞥。有时标签很难阅读，但如果改变它们，就会产生改变整个博物馆的感觉。有的标签上使用的一些词语具有贬义和伤害性。博物馆正在开发一个名为"标签事项"的项目，该项目将确定问题范围并建议论坛来调解和突出博物馆和学科历史的问题部分。如有需要，信息点可提供手电筒和放大镜。一些标签包含很多关于对象的信息，术语"coll."和"don."（或"d.d"）记录了谁收集或捐赠了物品。展品始终包括对象的来源（国家、地区）。有时旧标签上的名称已不再使用。修改所有过时的名称是行不通的，但所有新标签都使用最新的名称。在许多标签上，数字分为三个部分；例如1932.5.62，这是展品的入藏号，它显示了该物品进入博物馆的年份（1932年）、入藏的顺序（该年度的第五个收藏品）以及它的编号（第62个）。需要注意的是，一件物品被博物馆收购的年份不一定是它的诞生年份。例如，一件1932年赠送给博物馆的物品可能是在很多年甚至几个世纪之前制作的。

图1-14 查韦尔河

第四节 爱丽丝之城

《爱丽丝梦游仙境》(Alice's Adventures in Wonderland),是19世纪英国作家兼牛津大学基督学院数学教师刘易斯·卡罗尔创作的著名儿童文学作品,1865年出版。《爱丽丝梦游仙境》讲述了一个名叫爱丽丝的英国小女孩为了追逐一只揣着怀表、会说话的兔子而不慎掉入了兔子洞,从而进入了一个神奇的国度并经历了一系列奇幻冒险的故事。在故事中,爱丽丝发现自己来到了一家由一只老羊经营的黑暗小店。这家商店"充满了各种奇怪的东西"。爱丽丝着迷于这样一个事实:当她看着架子上的东西时,它们会飘走,她必须用眼睛追逐它们,试图将它们放在一个地方。但出乎意料的是,他们只是从天花板上弹出并消失了!

牛津与《爱丽丝梦游仙境》的故事有各种联系,现实中与《爱丽丝梦游仙境》中的一章最有联系的是位于圣阿尔代街(St. Aldates street)的爱丽丝商店,它在爱丽丝儿时的家对面,真正的爱丽丝小时候经常光顾的是她最近的糖果店,当地社区自发地将这家维多利亚时代的小杂货店和糖果店称为"Alice's Shop",并且在过去的一百多年间一直保持着这个名字。如今这家商店已经完全继承了《爱丽丝梦游仙境》中的描述，从各个方面来说，都是"爱丽丝梦游仙境商店"，为牛津增添了另一颗独特的宝石。参观者可以挑选到爱丽丝梦游仙境礼物和纪念品，还可以亲密地体验世界上最著名的儿童故事之一的诞生地。爱丽丝梦游仙境的冒险是牛津智力、创造力熔炉的又一体现，每个人和任何年龄的人都可以享受与欣赏。

在书中，爱丽丝还遇到了一大堆人和动物：渡渡鸟、蜥蜴比尔、柴郡猫、疯帽匠、三月野兔、睡鼠、素甲鱼、鹰头狮、丑陋的公爵夫人。书中的渡渡鸟原型来自牛津大学，是馆藏品中最具标志性的标本之一，被称为牛津渡渡鸟（The Oxford Dodo）。渡渡鸟是一种不会飞的鸟，欧洲人于16世纪末在印度洋的毛里求斯岛上首次遇到。这种鸟大约一米高，重20公斤。渡渡鸟以水果为生，在地上筑巢。从早期的记载来看，许多毛里求斯鸟类很温顺，很容易被人类捕捉到。渡渡鸟的悲剧始于1598年，当时荷兰水手第一次遇到它们。该物种的迅速消亡可能是由水手们带来的狗、猫、老鼠和猪造成的，这些动物遍布整个岛屿，破坏渡渡鸟栖息地并吃掉它们的卵。最后一次确认看到渡渡鸟是在1662年，到1700年代，渡渡鸟被认为已经灭绝。尽管有从毛里求斯带来的活的渡渡鸟的记录，但这一时期的渡渡鸟标本只存在三个。三者之一，即所谓的"牛津渡渡鸟"，是牛津大学阿什莫林博物馆的创始收藏品之一。该标本于1656年首次列在贸易不足（Tradescant）收藏的目录中，标签为"Dodar，来自毛里求斯岛，体型

图1-15　渡渡鸟标本

图1-16　爱丽丝的店

图1-17　红色电话亭

大，不会飞。"目前尚不清楚贸易商如何获得渡渡鸟标本或原始标本的范围。今天，原始标本的剩余部分是渡渡鸟左侧头骨的皮肤、眼睛的硬化环、脚的骨骼、股骨的切片、一根羽毛（1986年从头部移除）和取走的各种组织样本。除此之外，博物馆还收藏了两幅最著名的渡渡鸟画作：乔治·爱德华兹1758年的彩绘和扬·萨弗里1651年的丰满渡渡鸟形象复制品，现在人们认为渡渡鸟会比画中的更加苗条。

在渡渡鸟灭绝后，它们喜欢栖息的大橄榄树也开始大量死亡，直到科学家找到替代的动物填补了生物链的空缺，才避免了灭绝悲剧的重演。野生动物作为维系生态系统平衡的重要组成部分，能够让生态系统中的物质和能量不断地循环流动，保持区域生态系统的动态平衡。如：通过进食与被进食形成食物链。食草动物以绿色植物为食，食肉动物以食草动物为食，食腐动物以死去的动植物为食，当动植物残体经过一番循环转化为矿物营养物，又会被新一轮的植物吸收。无论是兽类、鸟类、爬行类、两栖类，还是鱼类、软体类、昆虫类，任何一种野生动物遭到肆意捕杀，都有可能破坏食物链、打破生态平衡。猎杀野生动物教训深刻。据《世界濒危动物红皮书》统计，仅20世纪，全世界就有110个种和亚种的哺乳动物以及139个种和亚种的鸟类在地球消失。而分析导致这些野生动物灭绝的原因，除了自然灾害和物种本身的遗传衰竭外，环境污染、砍伐森林、围湖造田、乱捕滥猎等人为因素，也负有不可推卸的责任。特别是对于野生动物的猎杀，更是加剧了野生动物的灭绝。

20世纪60年代，英国大气物理学家詹姆斯·洛夫洛克（James E. Lovelock）提出了著名的"盖亚假说"（Gaia Hypothesis）。他认为生命并不是地球上的过客，相反，通过创造石灰岩等新岩石，产生氧气，推动氮、磷和碳等元素的循环等方式，让生命的存在重塑了地球。他和微生物学家林恩·马古利斯（Lynn Margulis）共同推进"盖亚假说"，认为生命通过与地壳、海洋和大气相互作用，尤其是大气的构成和气候变化，对地球表层产生了稳定的影响结果。有了这样一个自我调节的过程，生命就能够在这样的条件下生存下来，而这种条件本来可以在没有自我调节的行星上令生命不复存在。人类造成的气候变化很大程度上是燃烧化石燃料释放二氧化碳的结果，而这只是生命影响地球系统的最新方式而已。"盖亚假说"作为一种新的地球系统观的意义在于，它能直接或间接地帮助回答当今人类所面临的生态问题和世界观问题。首先，全球生态环境恶化是人类当今面临的最严重的问题之一。"盖亚假说"指出环境问题是涉及整个地球生态系统的问题，要解决这个问题不仅需要用系统的或整体的观点和方法来认识人类生产和生活方式对生态环境的影响，而且需要人类共同行动。同时，"盖亚假说"也从道义上给人启示，包括人类在内的所有生物都是地球母亲的后代，人类既不是地球的主人，也不是地球的管理者，只是地球母亲的后代之一。因此，人类应该热爱和保护地球母亲，并与其他生物和睦相处。科学家们也提出，"盖亚假说"所描绘的自我调节可能非常有效，但没有证据表明它更钟情于某一种生命组成方式。在过去的37亿年里，地球上出现了无数的物种，然后又消失了。没有理由证明人类在这方面将得到更多的眷顾——珍惜现有的环境，是人类对自己最好的保护。

2021年1月11日，"同一个地球"峰会在法国巴黎召开，峰会以生物多样性保护为主题，聚焦陆地和海洋生态系统保护、促进生态农业发展、筹措多方资金促进生物多样性保护以及减少毁林4个方面议题，旨在重启因新冠病毒感染疫情而暂停的全球"绿色外交"，推动公共和民间资金的筹集以支持气候行动及生物多样性保护，加强保护陆地和海洋生态系统，巩固粮食安全以及减少不平等现象，共同应对环境危机。峰会期间，参会的各国政府、国际组织、企业等达成了一系列共识，包括承诺截至2025年为非洲"绿色长城计划"筹资143亿欧元，50个国家承诺加入法国和哥斯达黎加牵头成立的"自然与人类雄心联盟"（the High Ambition Coalition for Nature and People，简称HAC），以实现保护30%陆地生态系统和30%海洋生态系统等目标。"同一个地球"峰会为中国昆明《生物多样性公约》第十五次缔约方大会等一系列会议进行了政治动员，也为制定"2020年后全球生物多样性框架"注入了信心和动力。

图1-18　渡渡鸟模型

图1-19 牛津高街

第五节 零排放之城

除了古老的建筑和优美的田园风光，由于常住人口以及流动人口密度大，加上街道狭窄，老旧建筑众多，牛津面临着交通拥挤、尾气排放量大的问题。据世界卫生组织（WTO）的数据，在英国11个空气中PM_{10}浓度高于安全值的城市里，牛津位列其中。英格兰公共卫生组织的调查也表明在2014年牛津郡有大致200多起死亡与长时间的空气污染有直接关系。为此，牛津市政厅颁布了诸多禁令和限令，计划分阶段创建英国首个"零排放城市"。零排放区（Zero Emission Zone，以下简称ZEZ）于2022年2月28日启动，作为试点，ZEZ包括的街道有：波恩广场与城堡街（Castle Street）交界处的新路（New Road）、波恩广场（Bonn Square）、皇后街（Queen Street）、玉米街（Cornmarket Street）、新栈街（New Inn Hall Street）、鞋巷（Shoe Lane）、市场街（Market Street）、船街（Ship Stree）和圣迈克尔街（St. Michael's Street）。

一、零排放区试点

ZEZ试点将使牛津郡议会和牛津市议会在2023年推出关于覆盖牛津市中心大部分地区的具体说明和公众咨询。ZEZ试点将全年从早上7点到晚上7点运行。除非有资格获得折扣或豁免,否则所有汽油和柴油车辆,包括混合动力车,都将产生每日费用。但是,电动汽车等零排放车辆可以免费进入试点地区。根据车辆的排放水平,收费从每天2英镑到10英镑不等。已安装自动车牌识别(Automatic Number Plate Recognition,ANPR)摄像头来强制执行。该区域内的企业和居民可享受一系列豁免和折扣。

从2022年2月28日起,ZEZ对污染车辆的驾驶收费时间是从在该区域内行驶之日算起提前6天或行驶后6天之内。ZEZ筹集的资金将用于支付该计划的实施和运行成本。剩余资金将用于帮助居民和企业过渡到零排放车辆,以及其他促进城市零排放和低排放交通的计划。目前,交通排放量占牛津大学温室气体排放量的17%。在过去的几年里,城市的空气污染水平在经过一段时间的空气质量显著改善后趋于平稳,部分原因是2014年为公共汽车建立了低排放区,以及政

图1-20 自行车道

府资助安装更清洁的公共汽车发动机。零排放区试点及其向更大区域的扩展为确保进一步降低空气污染水平创造了契机。

二、零排放的未来

1994年联合国大学提出"零排放"概念并作如下定义:"零排放"指应用清洁技术、物质循环技术和生态产业技术等已有技术实现对天然资源的完全循环利用而不给大气、水和土壤遗留任何废弃物。换言之就是在一种产业中无法做到以最小的投入谋求最大的产出时,则构筑产业间的网络将某种产业的废弃物和副产品作为另一产业的原材料。在"零排放"系统中并不是要做到绝对"零"的外排,而是一个相对的极限概念。线性经济模式是传统经济发展模式,在这种经济模式下,即使最有效地控制废物的源头产生和末端治理,最有效地实现废物最小量化,仍然无法避免最终废弃物中含有大量有价值的物质,进而造成资源浪费;而在"零排放"概念中,将通过循环型经济模式,使得原本被废弃的物质重新回到生产过程中再利用,直至最终的废弃物中不再含有可利用的资源物质,从而达到真正意义上的"最小量化"排放。由此可见"零排放"是"最小量化排放"的极限概念,也是一个相对概念。20世纪90年代以来,人们就一直在探索研究"零排放工厂""零排放农业"等"零排放"工程,但这些对象都是性质相对单一、简单的个体"零排放"。生态城市研究的是整个人居环境,其系统内成员应当包括城市的各个要素。"零排放"概念是针对整个城市系统而言,而非针对系统内某个单一的个体而言。根据以上论述,"零排放"生态城市可定义为:"零排放"生态城市是全球或地区的可持续子系统,它是基于生态学、环境学、社会学、经济学等原理建立而成的系统,是与自然和谐的、环境友好的、竞争公平的、经济的、可持续发展的复杂系统。

2015年12月,第21届联合国气候变化大会通过《巴黎协定》,提出为遏制全球变暖,未来全球平均气温上升幅度较工业化时期应控制在2℃以内,计划到21世纪下半叶,全球CO_2净排放量将降至零,即人为CO_2净排放量被人为CO_2消耗所抵消,实现净零排放,也称碳中和。碳中和目标下,全球城市积极推动能源系统、能源消费、城市空间、治理体系等领域转型,并呈现出以下特征:一是

图1-21　春天的洋水仙　　　　图1-22　牛津街头　　　　图1-23　街角一隅

城市能源系统全面绿色转型，促进城市能源系统全面向可再生能源转型以及推进化石能源淘汰；二是技术创新驱动城市低碳转型，绿色技术创新被普遍视为节能减排、缓解气候灾害、促进高质量发展的根本性手段，全球各国纷纷加快低碳技术创新与推广应用；三是城市空间注重基于自然的解决方案，表现为注重恢复城市植被和城市空间的近自然设计；四是强调碳中和系统管理和区域合作，城市是一个复杂的有机系统，碳中和目标下的全球城市绿色转型注重多领域、多部门、多主体、多区域的联动。现代城市发展实际上就是不断转型、持续提升竞争力的过程。城市受自身发展周期影响，面临着资源环境、城市经济、城市功能等方面的转型要求，以适应新的发展需要，并经历着调适、整合、超越的周期性循环的动态发展与演进过程。城市转型是一个永恒的命题，也是一个持续演变的动态过程。"零排放"城市模式是政府部门、生产部门、商业机构以及科研单位等部门联合起来应用生态工程、环境工程、系统工程等现代科学技术创造的一种新型社会模式，将解决人类在水、食物、能源、工作以及居住等需求问题中存在的矛盾和问题。"零排放"城市是一种可持续发展的城市模式，是有利于环境、资源和经济协调发展的绿色生活、生产、工作和消费模式，是人类社会发展的必然趋势。

2020年9月，中国郑重承诺力争2030年前实现碳达峰，努力争取2060年前实现碳中和。2021年3月，中央财经委员会第九次会议明确了要如期实现2030年前碳达峰，2060年前碳中和的目标。2019年，中国与能源相关的CO_2排放占全球的28.8%，其碳中和目标有望使21世纪的全球变暖减少0.24℃，能够提高中国的GDP且对其他国家产生积极的"溢出"效应。毋庸置疑，2060年前碳中和目标对中国是一个巨大的挑战。一方面，中国虽然提前实现了"2020年GDP碳排放强度比2005年下降40%~45%"的承诺，但以煤炭为主的高碳化石能源消费量尚未达峰，仍将持续增长；另一方面，欧美等发达国家从碳达峰到碳中和有40~80年的时间，而中国力争在30年左右的时间内实现CO_2从百亿吨降至零的快速减排，意味着中国低碳转型力度将远超发达国家。

中国是全球气候治理的重要贡献者，更积极有力的减排措施可以加速全球气候治理进程，为减排工作留足空间，同时也为中国带来经济竞争力提升、社会良性发展、生态环境改善等多重协同效益和新发展机遇，形成"减排创造发展新机遇、发展培育减排新动力"的良性循环。碳中和是一场广泛而深刻的经济社会系统性变革，需要权衡发展与减排的关系。中国虽然用较短时间完成了工业化进程，但经济发展水平和能源转型进程仍落后于发达国家，需要慎重决策碳中和目标的具体要求。从"十四五"规划纲要制定CO_2排放强度目标而非总量目标可以看出，中国选择的是生态优先、绿色低碳的高质量发展之路，兼顾经济发展与低碳转型；从中国碳减排承诺目标及实施的历程来看，中国持续推进经济社会发展全面绿色转型，是以阶段性减排成效为基础制定中期行动方案来逐步实现长期减排目标。预计中国将在实现CO_2排放达峰目标后才会初步明确碳中和的目标要求及相关细节。中国碳中和是一个长期且需不断探索的社会转型过程，需要借鉴国内外减排经验、权衡发展形势，明确碳中和的远期愿景和总体方针，进而制订减排技术路线图及配套的政策和市场机制，最终构建以碳中和目标为导向的减排路径体系。

夏天的拜伯里

第二章
最美乡村——水上伯顿

科茨沃尔德（Cotswolds）被誉为"英格兰的心脏"，与法国的普罗旺斯和意大利的托斯卡纳齐名，以"英国最美乡村"著称。科茨沃尔德从牛津以西，到巴斯以北，覆盖近800平方公里，涵盖格洛斯特郡（Gloucestershire）、牛津郡（Oxfordshire）、伍斯特郡（Worcestershire）、威尔特郡（Wiltshire）以及沃里克郡（Warwickshire）五个郡的部分区域，不属于行政区划，没有明确边界。被纳入英国《法定特殊自然美景区》（Areas of Outstanding Natural Beauty，简称AONB）。这片天地到处弥漫着浓郁的英式乡村风情，与翠绿的群山完美融合，相得益彰。本章主要介绍位于科茨沃尔德核心区的水上伯顿（Bourton-on-the-water），旨在探索英国乡村绿色旅游发展之路。

图2-1 疾风河畔

图2-2 冬日排屋

第一节 英格兰就是乡村

"英格兰就是乡村,乡村才是英格兰。"斯坦利·鲍德温爵士(Sir Stanley Baldwin)一语道出了英国人对乡村的眷恋与热爱。林语堂也曾经说过,"世界大同的理想生活,就是住在英国的乡村……"

英国是最早完成工业革命的国家,英国工业化和城市化促进了乡村改造。工业化使快速发展的城市人口拥挤、环境喧闹、雾霾弥漫、水源污染、疾病流行,社会中上阶层不堪忍受,产生了返居乡村的意愿。乡村虽然有美丽的自然风光,并给人以历史感,但居住条件和卫生环境非常落后,需要彻底的改造才能吸引已经适应工业化和现代化生活的城市人群。工业化和城市化所积累的财富为乡村改造提供了资金准备。这些财富主要集中于社会中上层,他们有返居乡村的强烈愿望,因此,他们自然成为乡村改造包括住宅改造的主力,使乡村出现了一大批宽大舒适的乡村别墅。另外,随着工业化后经济结构的改变,乡村农业在经济中的地位逐步降低,许多耕地转为永久性草地或牧场,或成为体育娱乐场地。这一调整过程几乎颠覆了传统农村的面貌;加之草种改良,绿草茵茵成为英国乡村的四季常态。与此同时，技术革命也促进了乡村改造。迷人的乡村景色和宜居的生态环境，使19世纪末的英国人将乡村视作"真"英格兰。英国的乡村改造奠定了发展乡村旅游的基石，19世纪铁路时代到来，20世纪迈进汽车时代，使城乡联系极为便捷，不但社会上层频繁来往于城乡之间，城市普通阶层也能够工作于城市而歇宿于村庄。机械化使耕地连片形成大农业，麦浪随地形起伏翻滚，花香在空气中四下飘散，牛羊在草丛中悠然漫步，成为英国乡村最具代表性的景观。

根据现有研究成果，直到第二次世界大战为止，英国的城市化进程基本上一直是传统的向心密集型城市化，主要是人口从农村、小镇向大城市不断迁移的过程。但是随着第二次世界大战后的城市绿带政策，限制大城市的无限扩张，并启动新城计划，在大城市附近规划建设新城镇，从而推动了人口从中心城市向郊外小镇、新城的迁移。20世纪下半叶以来，铁路网的完善、汽车与公路交通条件发展，使城市居民和工厂企业开始向乡村和小镇迁移，大城市人口外流趋势在一定程度上促进了小城镇与乡村地区的发展。以伦敦为例，20世纪初，伦敦的交通线开始具有现代形式，有轨车、地铁线给人类带来前所未有的流动性。20世纪末，伦敦地铁形成相对完善的网络系统。1961—1991年，伦敦大都市区的人口处于负增长状态，而且越是城市中心地带，人口流失越多。伦敦人口不断迁出，到了周围的小镇甚至农村。虽然政府在20世纪70年代终止了疏散城市人口政策，但是人口向小镇及农村的转移却没有停止。从另一个方面看，人口从大城市向外迁移，正是深度城市化的表现之一，即城市生活方式向乡村和小镇的扩散与转移。这最终实现了某种程度的城乡一体化发展。

英国人有特别的乡村情结根植于英国独特发展历史和社会文化传统。工业革命以来，人类的经济生活中心逐渐从农村转移到城市。英国作家杰里米·帕克斯曼在他的代表作《英国人》里这样写道："在英国人的脑海里，英国的灵魂在乡村。"英国历史发展少有激烈的革命，保持着连续性和渐进性的特点，起源于封建时代的贵族一直延续到现在。贵族乡绅阶层在数个世纪里控制主导着国家的政治、经济，在现代，贵族虽然失去了政治特权和经济地位，但在社会文化上仍然有着影响力。英国精英阶层——贵族和乡绅阶层长期扎根于乡村所形成的乡绅文化，造就了英国人深厚的乡村情结。19世纪初，美国著名作家华盛顿·欧文在游历欧洲后，观察到英国与其他国家的不同，在《英国乡村》一文中写道："在某些国家，都市便是这个国家的繁华富庶所在，那里是文采风流典章人物的荟萃之地，而乡村则属于比较粗陋的地方。在英国，情形则刚好相反，大都市只是上流社会的临时聚集之所或定期会晤之地；而数月一过，他们又重返其恬静自适的乡居生活。"英国的贵族乡绅们乐于做个乡下人。在乡村，乡绅贵族和茅舍农夫生活在一起，共同偎依在历史和自然的轻柔怀抱之中。

土地是英国贵族乡绅的主要财富，庄园是贵族乡绅家族在乡村的宅邸。庄园不仅是安居之处和社会活动场所，还是地位的象征、身份的标志和家族实力的展示。英国贵族长期生活在乡村，热衷于庄园建设。这就使得英国各地乡村遍布着或古老、或神秘、或宁静、或华丽、或庄严的各种庄园。精致的大别墅居于庄园的中央，四周环绕着草坪花园、湖泊溪流、牧场树林，再加上周边庄严的教堂、质朴的村舍、大片的麦田，真如诗如画。乡村建筑是历史和文化的代名词，时至今日，英国很多地方都妥善保留着这些建筑。静谧的风景和悠久的历史是英国乡村的魅力所在。贵族乡绅阶层对于乡村生活的热爱，对整个民族产生了重大影

图2-3　带烟囱的小屋

响。英国社会有一种"向上流社会看齐"的风尚，很多成功的企业家和政客为了追求社会地位，模仿贵族阶层的生活方式，不惜花重金到乡间购买地产、建造宅邸。如出身于伦敦东区贫困家庭的马库斯·塞缪尔，创办了大名鼎鼎的壳牌石油公司，他用商业精英的成功助力于获取上流社会地位，更是在1895年买下一大块乡村地产，1902年当选伦敦市长。两位平民出身的工党领袖威尔逊和卡拉汉，卸任后到乡村购置田产，当起名副其实的乡绅来。中下层民众纷纷效仿贵族乡绅精心美化居所，模仿绅士的言行举止。乡村田园充分展现了英国人对自然之美、园林之美的热爱，无论是贵族乡绅还是农民市民、花草林木都是居住空间的一部分。费孝通先生说：从基层上看，中国社会是乡土性的。19世纪之前的英国，跟法国、德国、意大利一样，均属于传统社会。在铁路发明之前，人们安土重迁，很少离开故乡。在光荣革命后的半个世纪里，65%的英国人因为工作或婚姻前往他乡，这些移动是短途的，周期性的，离开的人大多还是要回到老家。就算是浪迹天涯、独来独往的流浪汉，行程也很有限，一般流浪汉移动距离不超过35英里*。这样的社会，必然是重视乡土人情的，类似费孝通在《乡土中国》中的描述："乡土社会在地方性的限制下成了生于斯、死于斯的社会。常态的生活是终老是乡。假如在一个村子里的人都是这样的话，在人和人的关系上也就发生了一种特色，每个孩子都是在人家眼中看着长大的，在孩子眼里周围的人也是从小就看惯的……现代社会是个陌生人组成的社会，各人不知道各人的底细，所以得讲个明白；还要怕口说无凭，画个押，签个字。这样才发生法律。在乡土社会中法律是无从发生的。'这不是见外了么？'乡土社会里从熟悉得到信任。"一个住在腹地平原的乡村英国人，向他卖杂货的摊主，向他传教的牧师都是熟人，一辈子都碰不到几个外人，如果去伦敦打工，他会看到大街上黑压压的，到处是陌生人。他要和陌生的工厂主打交道，和陌生的租客合住，和陌生的路人挤巴士，与陌生人共处一地，虽鸡犬相闻，却老死不相往来。英国人留恋乡间，驻足村野的社会文化传统，深深根植于灵魂深处，造就了英国人浓郁的乡村情结。乡村，是心灵需求，也是物质欲望，是英国田园长盛不衰的历史根源。

注：1英里≈1.61公里。

图2-4 当地民居

第二节 乡村全产业链发展模式

科茨沃尔德位于英国中部的丘陵地带，广袤的草原十分适合发展畜牧业，蜿蜒起伏的地形地势也成为整个地区的特色之一。科茨沃尔德历史悠久，单看科茨沃尔德（Cotswolds）这个名字，就表达了这个地区是拥有发达羊毛产业的丘陵地区的意思（"cot"有绵羊圈地的意思，"wolds"有山丘、丘陵的意思）。早在中世纪时期，科茨沃尔德就以羊毛产业而闻名，整个地区约200多个村庄皆为发展羊毛产业而形成的自然村落。发达的羊毛贸易迅速聚集起了财富，带来了地区经济的繁荣和富庶，并使科茨沃尔德成为优美庄园和教堂的集中地，也使该地区的农村基础设施、田园景观等都远超英国的其他地区。科茨沃尔德地区建筑遗存较多，独具特色的"科茨沃尔德石"（Cotswolds Stone）也是造就科茨沃尔德独特景观不可或缺的元素之一，科茨沃尔德石是特产于科茨沃尔德地区侏罗纪时期的蜜色鲕状石头是一种非常珍贵柔和的浅黄色石头。几乎所有科茨沃尔德的房子都是用这种石头密密地砌筑起来，巧夺天工，拍摄起来十分入画。在科茨沃尔德，几乎所有东西都是由石头构成的，包括屋顶瓦片。科茨沃尔德石是造就该地区独特风格功不可没的元素之一。独特的蜜色石头成为科茨沃尔德的标志，给它带来一个令人难忘的身份标签。如今的科茨沃尔德以旅游业为主，已经成为英国乡村生活和田园休闲的代名词。

经过多年的发展，科茨沃尔德探索出了一条独特的产业融合发展之路。"农旅"融合方面，通过打造方式多样的农业参与活动，包括剪羊毛、驯牧羊犬、租种耕地、家禽喂养、果实采摘等，并开展鲜花展、追干酪等农业主题节庆，大幅提升农产品附加值，同时保证了生态和经济的良性循环；"文旅"融合方面，科茨沃尔德拥有丰富的文化村镇，加之政府对遗址遗迹的妥善保护，通过开展乡村小博物馆、开放古迹、举办文化庆典等手段，满足了游客对科茨沃尔德各类乡村文化的需求，实现区域内村镇乡村旅游产品差异化发展，有效提升科茨沃尔德乡村旅游产品的文化内涵，吸引着全球众多游客前往体验。

交通方面，以线带面，构建全域乡村度假体系，科茨沃尔德着力打造世界最美乡村道路——"浪漫之路"，将科茨沃尔德地区的众多小镇，通过沿途的山川、树林、草坪、花卉等自然景观串联，构成了全英国乡村之旅的最精华所在。"浪漫之路"以切尔滕纳姆为中心，总长320公里，分为北半圈150公里长的"今日之路"和南半圈170公里长的"明日之路"。除此之外，每个村子都通有定时巴士，包车业务也极为便利。在乡村旅游发展中，注重公共交通系统的全覆盖，将特色景区、山水景观串联，并在沿线设置自助服务点，方便游客租车等服务；其次注重慢行交通系统规划，提倡自行车、步道等自助游慢行系统，根据资源的不同，划分难易程度供游客选择，并注重慢行交通线路的景观打造；打造主题乡

图2-5　科茨沃尔德秋色

图2-6　民居花园

村旅游道路，以主题化旅游线串联乡村精华景点，极致化打造，形成最美乡村道路。提供完善的公共服务体系，以全天候的公共交通、商业服务等保障游客夜间无障碍的全域化休憩空间；通过提炼本地特色元素，将本地特色产品作为形象标识，并渗透到商业、交通等各个业态服务系统，打造覆盖全域的特色标识系统，塑造生动的目的地旅游品牌形象。

图2-7 羊群

乡村文化植入，科茨沃尔德可以为游客提供丰富多样的食宿选择，包括豪华酒店、家庭式酒店、传统乡村式客栈、连锁酒店、庄园式酒店、精品酒店；乡村客栈多由农场、渔场及特色庄园提供，建筑风格古朴华丽，干净的门窗和白色窗帘带着英伦味道，食物烹调采用传统的英式烹饪方法，带给游客独特的风情体验。

通过节庆助力，满足游客多元消费需求。每周都有集市日，小镇因此会变得格外繁忙；9月会举行超大规模农贸展，有最可口的当地美食，特色农产品和农副产品等，也有手工编织的工艺品和纪念品，以及各种趣味比赛，旅游商品的销售收入成为英国乡村旅游收入的重要来源之一。通过全域传统节庆和专属特色活动，形成乡村旅游独特的文化氛围。在节庆活动打造上，传统演艺和创意示范相结合，营造与游客共享的狂欢氛围，体味本土民俗风情。不同村镇形成各自专属节庆活动，以新奇有趣的活动吸引游客参与体验。

科茨沃尔德打造了丰富多样的旅游产品体系，通过二次消费提升旅游收入。在发展过程中充分发挥"旅游+"，注重旅游业与农业、文化、养生等各种乡村资源的深度融合，形成农村与旅游的良性发展。完善旅游产业链，构建涵盖"吃、住、行、游、购、娱"六要素相关产业及配套产业的大度假产业格局，打造多样化、多层级的旅游产品供游客选择，提供本土化特色的旅游体验。在特色农产品方面，以农贸展销会为载体，提供精致化、特色化的农业旅游产品和手工艺品，旅游商品的销售收入成为乡村旅游收入的重要来源之一。

图2-8 疾风河

第三节 英国的水上威尼斯

　　水上伯顿（Bourton-on-the-water）位于科茨沃尔德区域的核心位置，因有密集的水系和小桥，被称为"科茨沃尔德的威尼斯"，是科茨沃尔德地区名气最大的一个村庄。"Bourton"一词源于撒克逊语，"burgh"意为要塞或营地，"ton"意为庄园、围墙或村庄，综合起来就是"营地旁边的村庄"。清澈见底的疾风河（River Windrush）贯穿整个村庄，河水在温暖的阳光下缓缓流淌，河中鱼游鸭嬉，河上横跨多座古朴的石桥，这些石桥始建于1650年代，至今已经有两三百年的历史。水上伯顿的许多别墅已有300多年历史，有些甚至可以追溯到400多年前的伊丽莎白时代。古老的建筑，安静的街道，悠闲的行人，偶尔还会看到骑马经过的人，让人感到时光的流淌瞬间缓慢下来，驻足静心沿河漫步，在阳光下享受这自然的馈赠。村庄的居民只有3500人左右，但每年游客却高达30万人，即使在淡季，依然热闹非凡，每天都有很多世界各地的游客慕名而来。

　　水上伯顿是一个把商业气息与古镇神韵兼容并蓄的小镇，商业开发非常成功，外界名气较大，它具有欧洲乡村小镇的典型特征：西式乡村风情与古朴欧洲格调。水上伯顿的英式田园风光，加上古朴的欧式乡村建筑，别有一番韵味。清澈见底的疾风河环绕小镇静静流淌，河面的野鸭惬意地在水中嬉戏，似乎对如织的游人一见如故，没有惊吓和逃遁。水里的鱼儿追逐游弋，与商业化的小镇和谐共存。该村有无数拱形的屋顶、石竖框和用标志性的黄色科茨沃尔德石建造的烟囱，经常被评为英国最漂亮的村庄之一。水上伯顿保留着大量历史遗存，反映着不同时期的历史信息，在传统生活方式和建筑结构形式的影响下，加以当地政府合理的建设计划与管控，使传统建筑与新建建筑构成了该地区独有的城镇风格。水上伯顿属于条带延伸型鱼骨状交通。近乎直线的主街贯通小镇，停车空间分散在主街两侧。河道为轴，巷道为网，其空间特点是建筑沿疾风河分布，布置不讲究南北朝向，而是随河道的弯折而自由变化，沿河道布置商业，两侧设置步行道，提供停留休息及驻足观景的空间。水上伯顿在不断发展的过程中，对自然的依赖、因借与利用，使山、水、林与小镇有机地融为一体，进而形成了相互融合、景中有镇、镇中映景的格局形态。社区在考虑新建建筑与当地特色景观是否兼容的同时，兼顾当地居民的生产生活，如考虑地方经济、零售业以及就业的创造等。最重要的点就是保持地区文化的传承和发扬，以文化为核心，因地制宜制定空间策略：根据当地的居住模式、建筑风格、规模和材料进行设计，并且鼓励受当地特色影响、当地居民欢迎的创新设计，如利用当地的特色石材为建筑材料，反映当地建筑的文化特殊性；对新建建筑的设置位置进行有效的管理与把控，确保街巷空间的视觉舒适性；将有重要价值的建筑列入保护建筑名录，保护历史环境与文化遗产，提出"可持续旅游"策略。

水上伯顿的公共建筑主要以教堂为主，还有一些纪念性的村口广场及商店，当地的房屋与街道大多以教堂为中心展开。教堂很好地保留了各个历史时期的特点，石砌的建筑外墙，高耸的建筑，彩色的小格子窗，石板的屋顶都反映出

图2-9　古老的石桥

图2-10 汽车博物馆

不同历史时期的遗存建筑风格。在街道两侧，石头所筑的干砌墙成为划分车行道与人行道的边界，并在连接建筑方面发挥着非常重要的作用。教堂建筑前院的栏杆和墙壁都各具特色，在设计上各不相同，有许多简单但精致的铁门。

产业经济发展是影响空间布局的重要因素之一，小镇经济发展的业态和水平很大程度上影响了小镇的空间规模、交通体系，进而决定了小镇的空间形态。水上伯顿的旅游业，以历史建筑、景观节点或者重要交通枢纽为核心形成和展开。不同的产业类型对应不同的功能空间，体现在形态上不是单一的，而是拼贴式的。如果游客看了一遍这个村庄还觉得不过瘾的话，还可以参观模型村庄，它是一个精确的（但微型的）复制品，以现实的水上伯顿按照1:9的比例缩小制作的，建造水准十分精湛。模型村庄是水上伯顿的完美缩影，使用真实的建筑材料，将水上伯顿描绘成1937年的样子。在小镇上还有一座汽车博物馆——科茨沃尔德汽车博物馆（Cotswolds Motoring Museum），它有七个独特的区域，涵盖古董车收藏、迷人玩具收藏、展览和儿童电视节目上最受欢迎的小车"Brum"。"Brum"是20世纪90年代BBC儿童电视节目中的明星，该节目讲述的是关于一辆小型无线遥控汽车的故事。附近还有一座铁路模型展览馆，步入馆内，仿佛来到了童年梦想的世界，这里有全英国最好的室内铁路运行模型，无论男女老少，都很适合参观。此外，由凯特·威廉姆斯（Kit Williams）设计的"蜻蜓迷宫（Dragonfly Maze）"有一个寻找金色蜻蜓的秘密藏身之处的谜题等待游客来解开。在小镇的郊区，科茨沃尔德酿酒厂（Cotswolds Brewing Company）每个周末都会对公众开放，让游客品尝当地酿造的特色啤酒。

科茨沃尔德保护委员会（Cotswolds Conservation Board）在对小镇空间布局深度解析的基础上，针对科茨沃尔德地区空间发展的特点，探索特色空间重构与内在联系，以此来制定和谐共生的正确空间发展策略。在英国杰出自然风景区内及周围的社区和企业普遍对科茨沃尔德景观有很高的评价，同时科茨沃尔德保护委员会根据对景观特征的评估，制订景观策略与指南。在科茨沃尔德地区的任何重大发展计划中，包括基础设施项目等，把"以景观为主导"的策略，融入开发的规划、设计、实施和管理中，保存并且提高了科茨沃尔德的自然景观品质。相关部门因地制宜地规划构建，使得科茨沃尔德在不断的更新中，不仅合理利用了其优越的地理自然环境，而且延续了环境保护的理念，各个小镇形成了独一无二的空间形态以及自身特色的产业结构。建筑风貌是乡村的历史在发展过程中的外在表达，建筑的体量、风格反映了当地的历史文化特征，它采用的传统材料和结构形式与人们的生活息息相关，与他们生活的环境、地理特点、气候温度、经济条件密切联系，从某种意义上说，一个地区的建筑风貌就是它的气质，是它不同于其他地区的特有属性，也构成了人们对它的第一印象。建筑师在传统村落的改造过程中，常常会采用传统材料、运用传统的结构形式，再结合现代新技术和新工艺，在确保对原建筑形象影响最小的前提下，恢复比较和谐的原有乡村风貌。如用新技术提高建筑的保温隔热等物理性能，对结构进行扶正和加固，对破损残毁处采用原工艺修复，立面形象则一定会遵循原有风貌进行修整完善。科茨沃尔德地区建筑风貌研究对于中国的乡村旅游建设以及在新时代背景下，重新焕发传统村落的活力方面有着积极意义。

图2-11 疾风河风光

图2-12 河畔民居

第四节 自下而上的乡村规划

一、乡村建筑最大化保留传统风格

英国不仅是工业革命的发源地,其乡村旅游也十分成熟和发达,在世界乡村旅游中居于前列,是乡村旅游的重要发源地之一。乡村旅游是英国人民不可或缺的一种生活方式,这源于英国乡村的独特性质。英国的城镇化率很高,据统计,2016年城镇化率达83.14%,2017年城镇人口比重达83.1%,但英国人口密度远远小于中国。根据英国人口普查数据,2013年,英国总人口是6410.57万人。这就使得英国的乡村更趋于地理概念,主要是指景色优美且人口密度较低的地方,常住人口往往小于1万人,这些聚居区和定居点,与农业并没有密切的关系,居住者的职业多元化,他们大多数在城市工作,乡村与城市于他们而言是同等重要的生活场所。这种独特的性质也使得国民进行乡村旅游更加便捷和灵活,需求更加稳定,乡村旅游俨然成了国民休闲娱乐生活的重要方式之一。

英国的经济发展最初通过工业革命，使得社会经济和国民生活水平不断提高，人们开始向往美好的乡村生活体验，不再是单纯追求温饱，由此自发性的乡村旅游开始萌芽，但由于城市不断向乡村扩张，导致乡村的不断"萎缩"，同时经济发展带来的环境污染日益严重，这与大众日益增长的乡村休闲娱乐需求相矛盾。随着人们需求结构的升级和乡村旅游模式的发展，人们也越来越重视乡村旅游，具体表现在1932年，英国政府颁发了《城乡规划法》，首次提出要遏制城市向乡村扩张，确保乡村农业和林业正常发展，从此乡村独特的人文景观和自然资源得到了有力保护并得以发展，为后来的高质量快速发展奠定了重要基础，而大力开发乡村旅游可追溯至20世纪50年代；20世纪60年代，英国城镇居民将乡村旅游作为日常消遣、舒缓生活压力的重要方式，在这种需求增加的不断刺激下，乡村旅游得到了自发式的蓬勃发展；20世纪70年代，英国政府在政策上极大重视大众的乡村娱乐休闲需求和乡村生态环境保护等方面，在发展乡村旅游、保护乡村自然资源上，英国政府进行了政策上的引导和法律上的帮助，从1980年开始，英国政府开始重视对乡村基础设施和公共服务设施的完善，对乡村人文景观进行了一系列的修复和升级改造，乡村建筑在保留原有传统风格的基础上，配备了现代化的设施，其颁布的《英国乡村田园景区管理法规》对基础设施建设提供了政策支持，经过长年的不断努力发展也让英国乡村旅游逐步成熟、规范并独具特色。

二、重视消费者的体验感和参与感

（一）让消费者直接参与农事活动

英国农村发达，现代化设施完备，交通便利，20世纪60至70年代，当地农场便开始探索发展乡村农业休闲旅游，并进行进一步的普及和推广，农场主将作物种植或者是动物喂养过程直接让消费者参与，比如剃羊毛和训练牧羊犬等，游客甚至可以前往英国农村参与家畜喂养、果蔬采摘、捕鱼生产等。这也是英国乡村旅游业的独特之处，英国乡村旅游更加重视消费者的体验感和参与感。

（二）娱乐项目种类多元

英国乡村旅游包括乡村生态旅游、体育旅游和商务旅游等诸多方面，其娱乐活动的发展有着深刻的文化、社会行为背景，在原有传统娱乐活动的基础上，通过开辟种养殖体验项目、艺术项目、DIY项目等，最大限度地迎合了不同人群的兴趣爱好，如拳击、摔跤、板球、足球等一系列体育运动，舞蹈、话剧、音乐节目等艺术活动，房屋搭建、装饰、园艺等DIY体验项目，为乡村旅游带来了源源不断的活力，带有季节特点的农业种植和畜牧养殖体验活动也为乡村旅游增添了丰富的旅游项目。除了独特的景观，科茨沃尔德同时拥有丰富多彩的人文环境。各式各样的节庆、展览等活动成了这里的一大特色，吸引着来自世界各地的游客。一年四季的活动都不同，使得科茨沃尔德的风采得到充分展现。比如，春天通过徒步节等大型户外类活动展示自然景观；夏天用马戏团表演、中世纪节、军事航空表演、音乐节等各式活动点燃人气，引爆氛围；秋天通过文化遗迹节和切尔滕纳姆文学节的形式，让文学成为主题词；冬天则通过各式各样的地方市集以美食美酒一扫冬日的寒冷。

（三）旅游服务便捷周到

英国拥有世界一流的服务业，这也体现在了乡村旅游上。结合当地乡村旅游的特点发展出了丰富多样的具有当地特色的旅游服务，提供的服务也极具吸引力，其服务分为传统服务和新兴服务，其中传统的主要服务有旅行社、住宿、餐饮、旅游交通，其在旅游业的收入当中占有相对高的比重，在英国农村旅游收入中占了61.9%；而新兴服务业为房屋租赁、交通工具租赁、体育、娱乐休闲、博彩、图书馆及博物馆参观服务等，让游客不仅享受到出行、食宿和娱乐服务的便利，还能做到学习、健身两不误。比如闻名遐迩的B&B民宿随处可见，服务质量高、收费低廉的优点使其成为英国农业休闲旅游的一大特色，用家庭式的招待服务满足游客的舒适体验，提供多种有着英国特色的早餐及饮品，并且早餐时间具有灵活性，会根据客人需要随时提供，在提供良好食宿服务的同时，民宿主人还会带游客去体验农事活动，其高端的乡村民宿服务水平力图超越五星级酒店的水准。

（四）拥有属于英国乡村特有的品牌特征

英国是首先完成工业化的国家，有许多属于自己的在世界上享有盛誉的独特品牌特征，且在国际上占有重要的地位，首先是"田园牌"，英国田园景观的风格样式主要分为农场式、庄园式及花园、城堡、公园式，发展具有多样化、多元化、立体化的特点，注重发展的特色化、品牌化及经营模式多样化，其发展较为成熟，乡村田园景观一度与国家公园相媲美，乡村田园景观的开发利用与保护成为了乡村旅游中的一大重要特色，甚至得到了国家层面的高度重视，在2012年的伦敦奥运会上，英国精心选定"农家乐"作为开幕式的主旋律，将乡村田园旅游向全世界进行宣传，以期以田园风光为基础元素推动乡村旅游发展；其二是"复古牌"，复古风格的形成与英国古建筑的风格样式息息相关，1953年英国颁布的《历史建筑和古老纪念物保护法》等法律，让超过50年历史的建筑物得以完好保存，不仅如此，民间组织也让古建筑的保护范围更加广泛，早在1984年就已经有民间组织自发对古建筑进行调查、登记和保护，让乡村古韵味十足，古色古香的乡间建筑为英国乡村旅游增添了许多英式传统乡村文化风光，也为乡村旅游增添了活力；最后是"生态牌"，英国的物质条件充足，发展有机农业具有比较优势，在很长一段时间广泛地发展有机农业，随着社会的发展，人们逐渐意识到，除了发展有机产业，还需要发展新型生态农业，要创新提高土地资源的利用率，将现代农业与乡村旅游结合起来发展，保护和发展生态农业。

图2-13　酒吧与行人

三、完善的乡村旅游支撑体系

（一）政府引导

英国乡村旅游在世界上极富盛誉，各国游客纷纷慕名到访，这与当地政府的指导作用是分不开的。其一是战略引导，英国政府大力支持英国乡村旅游的发展，无论在战略高度还是深度方面，对乡村旅游做了全面整体的规划，英国政府通过完善乡村的基础设施，通过税收、补贴等形式对乡村旅游项目给予足够的支持，不仅为乡村旅游的规划提供了指导方向，同时为乡村旅游奠定了基础。其二是政府机构支持，政府机构根据英国不同的地理环境和监督对象来执行相应的管理政策，对农业、环境、化肥、土地等资源进行系统的管理，政府机构在政策体系上对非政府机构进行调控和管理，通过教育培训以及宣传普及基本知识等方式提高当地居民的生态环境保护意识。其三是法律法规保障，英国乡村旅游顺利实施的基础是良好的法律环境。在英国乡村景区的发展历程中，英国政府围绕着游客服务、交通设施等方面制定了一系列的法律法规来为此保驾护航，严格的乡村环境保护法律能有效保障乡村旅游的正常运转，英国政府在不断的发展探索中通过立法和完善法律制度来为乡村旅游保驾护航，如《1947城乡规划法》，经过修订之后作为规范约束个人，20世纪80年代，先后出台了《土地基本开发法》《国家公园与乡村亲近法案》《亲近乡村法案》等多部法案，保证了乡村的有序和可持续发展。1993年颁布《国家公园保护法》。2004年颁布《第7号规划政策文件：乡村地区的可持续发展》，实施新的针对乡村地区发展的空间规划体系，使乡村自然环境与乡村生活质量之间达到平衡，除了完善的乡村治理体系之外，多层次的乡村保护区域体系也显得格外重要。其四是政府资金支持，英国政府投入了大量的财力与物力，每年都会向乡村旅游设施设备建设、畜牧业、农业等方面提供充足的资金帮助。使经营者能够对乡村旅游业加以管理和经营，并分享管理经验。进一步对乡村旅游进行全方位的改善和升华，使乡村旅游的发展更加稳定、高效。

（二）行业协会带领

英国乡村旅游的良性循环不仅有政府协调支持的功劳，还得益于行业内协会的不懈努力。行业协会在英国乡村旅游中发挥着至关重要的作用，一方面响应政府号召，做好带头领导作用，并在某些方面协助政府充分发挥指导作用，另一方面通过制定相关规则来保护乡村旅游的本土化和个性化。因此，英国相关管理部门积极发展乡村旅游行业组织，在相关政策范围内制定的行业规范和标准，并到达业内监督的标准和要求。科茨沃尔德整体被列入法定特殊自然美景区（AONB），自上而下受到保护。它的法定特殊自然美景区主要包括科茨沃尔德草原栖息地和林地，涵盖5个欧洲特殊保护区、3个国家级自然保护区，以及80多个具有特殊科学价值的区域。AONB指定的主要目的是保护和增强景观的自然美，其主要目的有两个：满足安静享受农村的需要，并考虑到那里的生活和工作的居民利益。为实现这一目标，AONB依靠规划控制和实现的农村管理。科茨沃尔德的法定特殊自然美景区由科茨沃尔德保护委员会（Cotswolds Conversation Board）负责监管，通过《科茨沃尔德法定特殊自然美景区管理规划》（*Cotswolds AONB Management Plan 2018—2023*）对影响科茨沃尔德的关键因素制定制约条件。其中包括公共道路规划、社区发展规划、可再生能源使用、矿产资源使用及废弃品使用限制、树种及种源使用规划、AONB发展规划等。这就保障了科茨沃尔德的自然及有价值的历史资源不受后期发展破坏。通过规划的实施，提高了当地的经济和文化水平，改善了当地的环境质量。正是当地居民"自上而下"的更新模式以及相关部门有效的政策引得，构建了英国乡村特色的基本骨架。其旅游业的成功，是建立在小镇的本底之上，小镇建设需要好的基础为载体。英国乡村的空间形态是通过内在构成规律将不同要素组合而成的，具有很强的层次感和序列感，点线面三个层次的空间秩序是有层次、有序列的展现。其合理的空间结构，完善的景区交通，舒适的步行系统，宜人的街巷尺度等特点，值得中国特色小镇借鉴，并在空间规划中加以运用。

（三）重视生态环境保护

英国政府自20世纪80年代以来极为重视对自然生态环境的保护，注重人与自然和谐共生、全面发展、协调发展。英国环保部门根据各地不同的环境问题行使相应的环保政策，重点从空气质量、化学品、土壤、废弃物、噪声、水务、气候变化、消费产品、农业等方面进行严格管控，可持续发展理念的重要组成部分之一已经与上述这些环保政策息息相关了。在发展乡村旅游以提高当地经济效益的同时，英国政府也十分重视农业生态环境的保护和维持，在制定城乡统一发展战略规划的同时，将保护本地独特的自然人文环境以及具有历史意义的生态环境放在第一位。如今英国的重要濒危物种得到了有效的保护，英格兰超过95%的土地和淡水保护区状况良好，环境保护治理效果举世瞩目。

　　综上所述，通过不同层级及类型的保护区划定、列入名录方式以及规划许可申请制度，英国从宏观到微观建立了一套全方位的政策系统，较好地从综合层面对村落整体环境、街景与界面、建筑及细节进行有效的控制。划定保护区并在区域层面成立委员会，实施区域层面在自然环境、历史景观和建筑上的保护，利于从区域层面解决更小单位在保护方面的问题协调，形成集中整体的保护效应。开发许可申请制促使新的开发活动必须满足区域环境发展要求，并能在细节上对区域内，尤其是保护区内的改造或改善行为进行空间变化前的有效控制和协调。从而从细微层面控制、监督开发行为，维持和保护其相对统一的视觉效果，进而达到整体环境的和谐统一。此外，将建筑与环境景观进行一体化保护也是英国乡村保护工作运转良好至关重要的因素之一。无论是政府还是民众，英国乡村保护呈现更多的是一个主动积极的保护过程。英国的乡村城镇化，无疑给中国的乡村建设提供了一定的启示。与英国相比，中国幅员辽阔，农村本土资源丰富，拥有秀丽的田园风光、优美的自然环境、淳朴的民俗风情和深厚的传统文化等，乡村旅游不单是传统的欣赏自然风光、体验机械的娱乐设施，而是要基于这些资源最大程度地满足人们的生活、休闲、探索、健身、养身、个性和艺术等诸多需求，将当地自然资源与本土文化、民间艺术有机地结合起来，将生态资源转化为生态资本开发出一批丰富多彩的旅游项目，并着力打造独具特色的休闲旅游品牌，在旅游项目开发时在保持基本需求的基础上，开发种类多样的休闲度假、田园观光、农事体验、民俗活动、手工艺体验、乡间体育比赛等独特的旅游产品，打造一批具有特色的休闲农场、乡间民宿、露营基地、农村文化博物馆等娱乐设施，避免出现旅游项目同质化的现象。最终做到不拘一格、独有特色、持续改进，用好的服务口碑赢得更多游客的青睐，形成品牌效应，从而激活乡村旅游经济的造血功能。

图2-14 蜜色石屋

第五节 田园城市之思

英国是最早实现城市化的国家,回顾英国一百多年城市规划的变迁,从19世纪末霍华德的田园城、卫星城、新城、生态城,到新田园城的演变,其中的很多经验值得借鉴。

一、田园城市运动

在16—18世纪,英国虽然面对不断的城市化和人口扩张,但给人留下的刻板印象仍是风景如画的田园乡村风貌。英国的工业革命开始于1750年,一直持续到19世纪晚期,农业、制造业、采矿业、交通和科学技术的发展对于整个时代的社会、经济和文化产生了深远影响。工业化加速了城市化进程,大量工人涌入城市,但与此同时亦带来了一系列的城市问题,如城市过度拥挤、饮用水短缺、公共卫生设施简陋以及工人的生活环境不健康等。起源于19世纪末期的田园城市运动,在20世纪的两次世界大战之前和此后的快速重建时期取得了实质进展。这本质上是对解决19世纪工业化带来的诸多问题的一种回应。受到反工业革命运动的影响，田园城市的概念开始兴起，一些模范城市建立起来。

1898年，埃比尼泽·霍华德出版了《明日：一条通向真正改革的和平道路》（Tomorrow: A Peaceful Path to Real Reform）一书，提出了最早的田园城市理念。他的田园城市模型为占地2400公顷，可容纳3.2万人居住，拥有公共空间、公共花园以及从中心放射开的林荫大道组成。每个田园城市能够自给自足，由若干个田园城市组成的城市群，能够成为供5万人居住的中心城市的卫星城。他所关心的不仅仅是孤立的田园城、新城镇，而是"社会城市"，围绕旧城中心建设卫星城，用快速交通（铁路、公路）连接旧城与新的卫星城。他为社会城市的可持续发展提出了一些可行措施：如土地功能混合、提供就业、发展公共快速交通、提供经济适用住房等，并首次提出了不仅仅有城镇和乡村两种生活选择，还有乡村与城镇生活美满结合的第三种选择。

19世纪末20世纪初零星的美丽小镇建设试验与田园城市理念，是城市生活方式向乡村和小镇扩散与转移的初步试验，包括1888年利弗（W. H. Lever）开始的阳光城（Port Sunlight）住宅项目、1893年乔治·坎特伯里（George Cadbury）启动的伯恩维尔（Bourneville）项目，以及1901年约瑟夫·朗特里（Joseph Rowntree）开始的新爱尔斯维可（New Earswick）项目。这三个项目旨在建设一种工业时代的新型小镇，展示工业、生活、小镇有机结合，兵营式住宅模式让位于自然街道、开敞空间和花园模式。这其实就是一种微型的小镇。城市化不断向英国广阔乡村腹地的小镇和村庄推进，乡村由此得到了发展的机遇。乡村发展并不一定表现在农业人口的增长，而是表现在城市生产生活方式向乡村的延伸，表现在各种基础设施和公共服务的普及。由此，英国小镇在某种意义上成为既有城市生活便利，又有乡村生活趣味的所在，也从而成为吸引周边劳动力和移民的所在，在某种意义上充当了劳动力蓄水池。乡村地区逐渐建立起现代生活设施与生活方式，也就是说"工业化完成后的英国农村'就地城镇化'，主要转向了让乡村生活条件城市化，依照城镇标准因地制宜改造乡村"。

二、卫星城的出现

1946年，英国议会通过新城法案，以最佳方式整修和改造二战后的城市社区。第一代新城秉承田园城理念，作为伦敦的卫星城市，是以疏解伦敦过分拥挤人口为目的的新城，如1946年的斯蒂夫尼奇以及1948年的韦林田园城。新城运动的理论源于霍华德的田园城市，和卫星城一样也是为了解决大城市问题，发展中小城市。新城可以是卫星城，但卫星城不同于新城。卫星城在功能上强调中心城的疏解，为中心城市某一功能疏解的接受地（如工业卫星城、科技卫星城、卧城）；而新城更强调城市的相对独立性，平衡与自给自足，既能生活又能工作，就业人员与总人口平衡。作为第三代新城代表，米尔顿·凯恩斯新城已不再是中心城市的郊区住宅，而是向功能配套完善化发展。新城兴建了火车站，并建起欧洲第一个多功能购物中心，提供了完善的生活服务和文化娱乐设施，同样适于工商业发展，成为更具相对独立性的新城。

三、生态城运动

英国政府于2007年启动了一项称为生态城的计划，作为解决房屋严重短缺问题的一种途径，旨在实现可持续发展的范例标准。该计划提出在全英国范围内兴建10座新城镇，拥有综合的就业功能及服务设施，首要目标为降低小汽车使用，并采用综合的公共交通、能源、用水和废物处理等策略。这些城镇的目标是达到零碳排放。

四、21世纪的田园城

政党换届后，英国保守党对工党的生态城政策进行重新评估，认为其远景过于理想化，很难实施。其一，就目前的可持续发展技术，很难真正做到零碳家园；其次，生态城规模5000~20000户人口不足以创建完善的社会设施和完全自给自足的城镇，而其选址多位于远离现有城市的棕地，如前飞机场空地，缺乏与现有城市良好的公共交通连接，如建立新城需消耗大量能源建立基础设施，并由于工作通勤而产生严重的交通负担，这一点有悖于生态及可持续发展的理念。因此2007年工党政府的生态城计划之后，于2011年，英国保守党住房大臣格朗特·夏普特邀请英国城乡规划协会参与一项讨论，参与者有开发商、投资人、设计师、地方政府官员、社区代表等，探讨创建21世纪的田园城构想。2012年

3月,"田园城设计原则"明确地列入国家规划框架中,为田园城项目的可行性奠定了基础。英国第一大规划公司巴顿-威尔莫国际公司响应政府政策,相继提出新市镇计划、新田园社区提案,以及适应21世纪的新田园城提案。

　　田园城市运动所探索的很多理念,包括应用于众多社区的规划设计中的理念,均可以与生态城的先进理念相结合,以创造出与任何一套理念相比可持续性更高、更加适宜和更加人性化的方法。因此,结合霍华德原始的田园城社会和社区方面的理念,并与生态城提案的可持续技术重心相结合,从而为未来的可持续发展创造出一个更完善的策略:新田园城。新田园城市不再是霍华德"浪漫的城市乌托邦",而是更具现实意义的城市解决方案。从历史发展的角度看,新田园城市规划是一种后工业化时代的自然回归,其更具有城市体系建设的战略意义。新田园城市坚持以人为本的生态建设,把社区参与、有机增长和自给自足作为要素,强调社会、经济与环境的协调发展。结合可持续发展目标,其具体设计包

图2-15　村庄道路

括14项原则：社区参与、自给自足、有机增长、绿色空间、服务、住房、就业、交通、水、垃圾、能源、过渡期/施工、生物多样性、生活质量。

五、实现社区自给自足

新田园社区的首要原则是在社区生活的关键方面实现更大的自给自足，这将有助于创建一个可持续的、有利于变革的，并且能提供更高生活质量的社区。为原先田园城市的体系中提及的历史上的集镇提供了一个非常合适的可持续性模型。在自给自足的发展模型中，可持续发展是系统性的，完全的自给自足不切实际也不合需求。然而，在一定程度上实现能源、水、废弃物和食物链的自给自足是有可能的。这种方法将最终改变运输方式，并减少交通排放，从而降低二氧化碳的排放量。自给自足带来的收益超过了狭义的可持续发展的定义。重点是要在新田园社区中促进本地企业的发展，以建立多样性并具有广泛基础的经济体。这一做法不是为了排除引进的工作机会，而是为了增加绿色工业、服务业、食品制造、建筑业以及其他被新田园社区的概念和高品质的生活所吸引的工业。这种组合会创造一个充满活力且强大的本地经济。新田园社区是一个贸易场所，这一场所将超越物理上的市场边界而成为一个物品、服务和创意交换的中心。

在新田园社区的建设期间，强调使用本地劳动力，并尽可能使用本地的原材料。建筑技能的培训是发展中不可分割的一部分。培训有助于解决建筑行业技能短缺的问题。同时可以促进建筑工艺的复兴。在熟练的技术工人短缺的情况下，本地的技能培训仍可在一定程度上帮助建筑业的发展。当地的熟练建筑工艺的可获得性也很重要，它可以保证高品质和具有当地特色的方案。自给自足的重点将会扩展到新社区中一系列的设施以及可获取的服务。通过本地企业创造出更大的多样性，也将扩展休闲与文化机会。自给自足提供了可持续的生活模式和更高生活品质的完美结合。

巴斯修道院

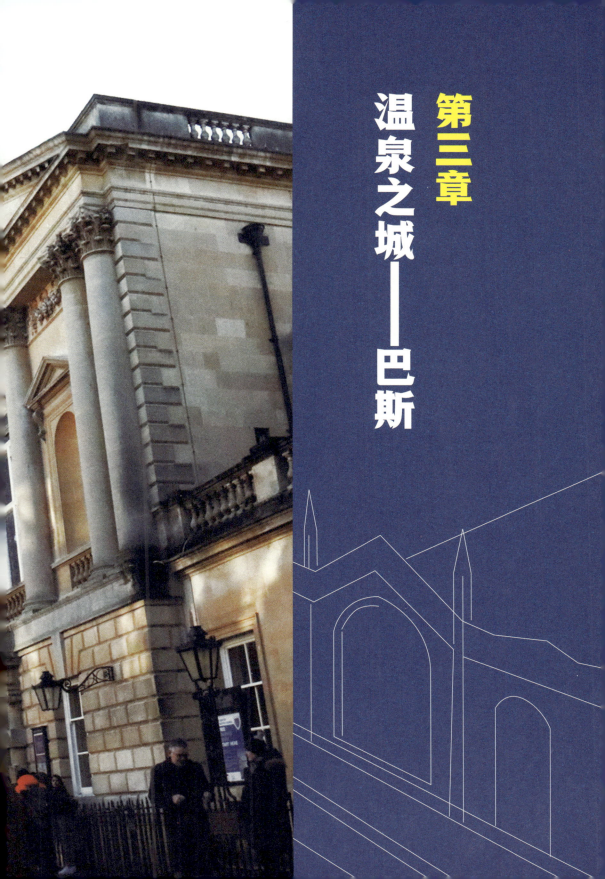

第三章
温泉之城——巴斯

巴斯市（Bath Spa）属于英格兰东南部的巴斯和东北萨默塞特郡（Bath and North East Somerset），该郡位于布里斯托尔市的东南部，包括巴斯市（主要行政中心）、巴斯市和布里斯托尔之间的几个小城市地区以及向西南延伸的乡村。巴斯市以其建筑和古物而闻名于世，是主要的城市中心。巴斯市横跨埃文河（River Avon），位于陡峭的山丘之上。主要由当地的石灰石建造，是英国城市中最优雅和建筑最杰出的城市之一。16世纪的圣彼得和圣保罗修道院教堂是晚期的垂直哥特式风格，并以其窗户而闻名，在陡峭的山谷两侧建造的古典格鲁吉亚建筑使巴斯市与众不同，这座城市于1987年被联合国教科文组织列为世界遗产。整个城市都被认定为世界遗产是极为罕见的，巴斯市布局紧凑，约有8.9万名居民，主要产业有公共管理（36%）、旅游业（16%）以及出版行业等。巴斯市不仅有罗马遗址，还有18世纪的城市建筑，实现了自然景观和人文建筑的和谐统一。本章主要介绍巴斯市的遗产管理实践以及管理机制，巴斯市在实现综合性保护历史遗产的同时，又能在管理上更具有商业偏向、创造经济效益，做好保护与开发的平衡，这与科学的遗产运营思路和所有权、保护机构、旅游发展机构三者分离的管理制度是分不开的。

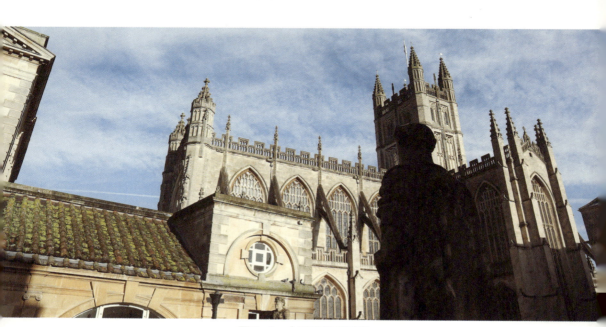

图3-1　古罗马浴场雕塑

图3-2 古罗马浴场

第一节 罗马人的宝藏

巴斯市（Bath Spa）是一座历史悠久、风景秀丽的小城，距离伦敦约100英里。它因天然的温泉资源闻名于世，早在罗马统治时期就被利用，因此也被称为"温泉小镇"。巴斯是著名的旅游胜地，1987年被列入世界遗产。要想了解巴斯市的渊源，必须从英国的历史中寻求答案。罗马时期是英国历史上的一个重要转折点，罗马人为不列颠留下了最早的文字记录，他们的到来标志着史前不列颠进入文明时代。罗马人的活动轨迹虽然处于英国文明史的发端时期，但他们用大约400年的统治时间为自己在这片土地上留下了历史烙印，岛国留存的罗马时代的文化遗迹直到今天仍然在昭示着古罗马文明曾经的辉煌。

罗马人到来之前，孤悬海外的不列颠岛还处在史前时期，当时岛上的居民主要是凯尔特人，其生活方式还是典型的铁器时代的模式：他们制作铁质工具和武器，耕种田地，开垦林地，围建牧场，形成一个个或大或小的村落散居在各处。很多部落喜欢将自己的居住区建在山丘顶部，并用木栅栏围起来，成为"寨堡"。凭借有利地势和周围修建的一些人工防御工事，这些隔绝独立的山地堡垒大都易守难攻，形成了典型的凯尔特人的聚落，充当着部落族人的生活居所，同时又是他们的避难所。罗马入侵以前，这里已经出现了一些比较大的部落王国。公元前55年和公元前54年，恺撒作为高卢总督，先后两次跨越英吉利海峡入侵不列颠，但罗马军团的这两次远征均无功而返，尤其是第二次，恺撒历经艰辛打败了当地的布列吞人（Britons，凯尔特部落的一支），这时高卢发生起义，恺撒来不及扩大战果，便匆匆返回欧洲大陆，再也没有回来。恺撒的征伐最终既未占领土地，也没有留下驻岛军队，可以说是来得突然，走得彻底。但这两次军事行动却撕开了不列颠这个当时欧洲人眼中神秘岛屿的面纱，使它清晰地进入罗马人的视野，并最终被纳入罗马帝国的版图，岛国的历史也因此而改变。

英国历史上真正的"罗马征服"（Roman Conquest）发生在恺撒入侵后的大约100年。公元43年，罗马皇帝克劳狄亲率大军武力征服了不列颠，并将其划为罗马帝国的一个行省。随后，罗马人又用了将近20年的时间镇压当地布列吞人的反抗，巩固自己的统治。公元60年，英国东南部的爱西尼人部落在其女王波迪卡的领导下爆发了大起义，但仅仅一年后起义就被剿灭了，罗马人彻底确立了对不列颠的控制权，罗马不列颠（Roman Britain）时代开始了。不列颠的凯尔特部落主要讲凯尔特语，但没有文字。那个时代岛民们的生活画面主要是通过考古发现进行拼接还原的。恺撒入侵后，他在自己的《高卢战记》里对不列颠凯尔特人的社会生活以及不列颠督伊德教等的情况进行了最早的文字描述，同时，罗马文化也随着他的入侵闯入不列颠，并在此后100年间开始了对不列颠潜移默化的渗透和影响。克劳狄征服不列颠时，罗马已经成为横跨欧洲、亚洲、非洲的庞大帝国，罗马文化也已发展成为当时世界上最先进开放的文化之一。成为帝国行省后，罗马文化强势进入不列颠并开始快速传播，拉丁语得到强力推广，不列颠第一次有了记录自己历史的文字，处于蒙昧期的不列颠凯尔特原始部落的发展进程全面提速，英国文明史开始了。

在长达近400年的罗马不列颠时期，罗马人是岛国的统治者、保护人和管理者，他们修建了道路，兴建了城镇，修筑了诸如城墙、堡垒等城防工事以及浴场、神庙、竞技场之类的公共建筑，在不列颠留下了深刻的罗马印记，即使是今天，在英国各地依然可以探寻到许许多多古罗马文明的遗迹。罗马人到来之前，不列颠除了"寨堡"这样的村落，在一些商业较为发达的地区还出现了很多"奥必达"（Oppida），这种部落聚居区不但规模更大，军事防御能力更强，发展到后期更是扮演着政治和商业中心的角色，是典型的铁器时代的市镇形态，已经具有了城市的雏形。武力征服不列颠后，为推动不列颠社会生活的"罗马化"，罗马人开始大力兴建城市，其中很多以寨堡和奥必达为基础，发展成后来的罗马化城镇，如温切斯特、奇切斯特、多切斯特、科尔切斯特、锡尔切斯特、赛伦塞斯特等；除了原凯尔特人的聚居区转型而来的城市，很多城镇的兴起与罗马军团的活动轨迹密切相关，如林肯、巴斯、约克、切斯特、卡利恩、格洛斯特、埃克塞特等；另外，也有像不列颠省首府伦敦这样的新建城市；其他罗马时期发展起来的市镇还有多佛、奥尔德堡、圣奥尔本、坎特伯雷、罗切斯特等。这个时期的城市，特别是一些重要市镇的规划设计都是罗马式的，正是这些罗马化城镇成了罗马文明的传播工具。城市里纵横交错的街道，成群连片的民居和罗马风格的公共建筑构成了城市的基本框架。市中心一般都会有开阔的公共广场、进行贸易活动的市场，大一些的城市还建有市政厅、剧院、法院、会堂、神庙、竞技场、凯旋门、公共浴场、公共纪念雕像和纪念碑等，此外，城市里的卫生、供暖、供水、废水处理等公共设施也都非常完善，所有这些城市建设既方便了地方的行政管理，又满足和保障了城市居民的社会生活和娱乐活动的需求。英国目前考古发现的很多罗马式城市及公共建筑遗址，很好地反映了当时的城市文化生活，同时也展示了罗马时代的繁华气象和罗马文明的伟大成就。

巴斯市是典型的罗马文化的产物，由于这里盛产温泉而命名为"巴斯"（Bath，英语含义就是"洗浴"）。当罗马人发现了这里的温泉后，在此兴建了大型浴场，并建造了宏伟的祭祀神殿，温泉浴池内有复杂的给排水系统，还有进行桑拿浴的增温系统，在浴场里，罗马人不仅进行洗浴，还可以进行会客、健身、祭祀等活动。古罗马浴场作为英国最著名的古罗马遗迹之一已经成了巴斯市的名片，浴场遗址如今已经变成博物馆，淋漓尽致地展现着罗马人的洗浴文化，置身其中，仿佛可以看到小城居民惬意悠闲的生活画面。随着军事占领和罗马化城镇的兴建，罗马人以城镇为中心的生活方式和文化习俗也不断地渗透到不列颠。奢靡精致的罗马式生活吸引并影响着不列颠的土著居民，尤其是当地上流社会的精

图3-3　古罗马浴场工作人员

英阶层和城市居民，他们认同罗马文化，崇尚罗马之风，成为不列颠罗马化的重要推动者。

　　英国现今留存的众多罗马古迹显示了罗马人高超的建筑造诣，是古罗马文明留给英国人最宝贵的历史遗产之一，但其实罗马文化对不列颠的影响远不止于此。征服不列颠后，在罗马人的大力推广下，拉丁语很快就成为占领区的官方语言，不仅在不列颠上流社会流行使用，也成为当地普通民众语言交流的重要组成部分。拉丁语还被用来记录不列颠的政治、宗教、生产、生活等各方面的活动。不仅罗马式样的服装、装饰品、陶器和玻璃器皿等在当地非常流行，城市丰富多彩的生活对当地原住民也极具吸引力，罗马人喜好的沐浴泡澡、罗马式宴会、看戏和看角斗士竞技等娱乐活动使不列颠人非常着迷。成为行省后的不列颠融入罗马帝国的商业圈中，他们与欧洲大陆的贸易交流变得更为顺畅频繁。在这些经济交流中，罗马人将地中海地区的许多瓜果蔬菜、农作物品种、香料、酒类等引入不列颠，改善了英国人的饮食，比如韭葱、卷心菜、豌豆、葡萄、樱桃、苹果、月桂、罗勒、葡萄酒等。商贸活动促进了当地的经济发展，使原本落后的不列颠行省渐渐赶上了罗马帝国其他各行省的经济发展水平。此外，基督教最早在英国的传播也是从罗马不列颠时期开始的。公元410年左右，当最后一批罗马驻军撤离后，罗马人最终结束了对不列颠的统治。不列颠的罗马要素遭到了后来者盎格鲁－撒克逊人的毁灭性破坏。随着时光的流逝，罗马不列颠早已成为历史，但是罗马文化长达400年的浸润还是给不列颠带来了深刻的影响，罗马人的到来改变了英国的历史发展进程，给英国留下了宝贵的历史遗产。封闭落后的凯尔特文明因为罗马文化的闯入大大加快了发展的脚步，偏居欧洲一隅的岛国拉近了与欧洲文化的距离，赶上了世界文明的脚步。古罗马文明虽历经千年时空的洗礼，以独特的方式在不列颠的土地上将自己的历史画卷封存起来，留存至今。当游客欣赏着巴斯的古罗马浴场时，似乎能够听到苏利斯女神在倾诉着昔日的辉煌，古罗马的灿烂文化仿佛依然伸手可触，清晰而强烈。

图3-4　巴斯修道院树状拱肋

第二节　包容性遗产保护机制

巴斯市整个城市都被认定为世界遗产,城中分布着众多博物馆。这些博物馆大多属于国家,只有少数为私人所有。部分博物馆每年接纳游客数高达100万,已成为英国排名前十的旅游景点。除了罗马时期的遗址外,当地还有一些其他的景点。旅游业对于当地经济贡献非常大,提供了1万个工作机会。在这座城市里,既有属于过去的1世纪的温泉浴场,也有21世纪的温泉浴场。这些文化传统经历2000年依然能够保留下来,如今的人们和2000年前的人们依然会做同样的事情。很多人来到巴斯,不仅是因为这里的温泉有治疗的效果,更因为历史厚重、风光秀丽、民风淳朴。18世纪时,巴斯开始以一种更加创新的方式来进行城市建设。当时中产阶级的财富在不断增加,他们受过良好的教育,并且有更多的闲暇时间,因此开始搬迁到城外,直接促使城市整体可以得到更好的保护。有一些古建筑依然在发挥使用功能,其中有5000座建筑被登录在册(Listed Building),并作为文物进行保护。巴斯市之所以能够作为一个城市列入世界遗产名录,因为当地的人文景观和自然景观融合得非常和谐。整个城市使用当地的石材来建设，并按当地的传统非常严谨地控制建筑形态，具有很鲜明的地方特色。

后人通过研究建筑遗产，能够还原当时的社会环境和生活方式，更好地了解历史。1975年欧洲建筑遗产大会通过的《阿姆斯特丹宣言》提出了建筑遗产之于城市保护的重要性："今天需要保护历史城镇、城市老的街区、具有传统特性的城镇和村庄以及历史性公园和园林，这些古建筑群的保护必须全面广泛地构思，包括所有具有文化价值的建筑，从最宏大的到最微小的，同时不要忘记我们自己时代的建筑和它们的环境。这个总体保护是对单独保护个体纪念性建筑和场地的一个必要补充。"巴斯古城完整地保存了古罗马遗迹。罗马浴场仍然保持原始的使用功能，考古发现的地下部分与约翰·伍德（John Wood）父子设计的地上部分和谐共生，至今依然保有城市中心的地位，延续了以温泉为发端的历史脉络。乔治亚时期的大部分建筑仍在被使用，城中的历史建筑基本保存原有结构与面貌，其单体建筑从规模、风格及空间组织方面都深刻反映了帕拉迪奥的深远影响。建筑师约翰·伍德父子、罗伯特·亚当（Robert Adam）、托马斯·鲍德温（Thomas Baldwin）和约翰·帕尔默（John Palmer）将帕拉迪奥的新古典主义形式实践成一个现实的、完整的城市，展现了乔治亚时代独特的建筑审美与价值，充分体现了建筑遗产作为艺术作品在创造之初的原貌。巴斯古城展示了18世纪文艺复兴时期城市街道布局的统一性。通过由内而外的扩充式发展，以保留古城原貌，延续了乔治亚时期的城市空间尺度规划特点，将建筑与城市植入景观之中，即将新古典主义的广场与建筑群置于绿色山谷中，通过建筑、城市和景观的一体化设计来实现自然与城市

图3-5 巴斯修道院玻璃

的融合统一,进而利用帕拉迪奥法则形成了风景如画的景观美学主义视觉感。由建筑围合而成的城市与景观空间,充分保留了历史性的城市肌理,并吸纳了周边绿色乡村的特色,营造出一系列有机流动、相互关联的空间,达到与环境的和谐完整性。巴斯市从城市的空间、尺度,建筑的材料及风格等多方面实现了历史信息的真实性、完整性,每个建筑单体通过其历史信息的延续性、城市设计的逻辑性、景观整体的和谐性进而形成视觉感知的同质性,展现了历经一个世纪发展演变的城市景观,是一座具有示范性、创造性的美丽城市,充分满足了世界遗产委员会提出的第一、二、四项的标准而具有突出的普遍价值。

关于管理,尽管当地政府独立地在保护方面起主导作用,但是巴斯世界遗产地也建立了一个指导小组(Bath WHS Steering Group)。除了政府机构之外,还有国家遗产保护机构,包括英格兰遗产委员会(Historic England)、英国国际古迹遗址理事会(ICOMOS UK)、国家信托(National Trust)等,另外还有一些教育机构和当地机构都积极地参与到遗产保护工作当中。不同机构的

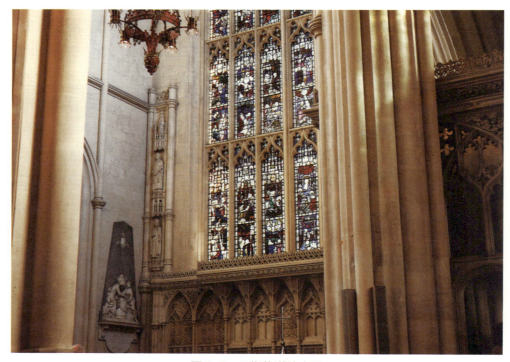

图3-6 巴斯修道院内景

兴趣、利益、出发点都不一样，但是不同的机构之间能够交流意见、互相沟通、加强合作，建立联系。在2001年建立了一个巴斯和东北萨默塞特委员会（Bath & North East Somerset Council），它是一个独立的、非政治的团体，可以不受政府等外界因素影响，从而起到协调的作用。依托世界遗产管理规划（World Heritage Site Management Plan），借此确定了规划的内容是什么、通过什么样的方式来实现。确立了一些优先的事项，包括管理、交通、公共领域。该组织未来将投入更多的财政支持用以建设更多高质量的公共空间以及用以改善旅游解说、教育设施和环境恢复力（Environmental Resilience）。考虑到有一些物质可能会对温泉造成潜在的威胁，还需要提升环境的承载力。变化是永恒的，地理信息系统（GIS）能够帮助当地进行详细的规划。地方政府要对一些私有的房屋进行控制，私人要对房屋进行改造时，需要得到国家的许可。目前出台了很多规划政策和文件，虽然还存在一些争议。遗产管理不能只靠专家们做出决定，更需要全民的参与。另外，目前巴斯5000处登录在册的保护建筑中只有两栋危楼。当地有一套竞争力很强的招标体系用来吸引投资，在上一轮规划中一共吸引了1700万英镑的资金。当地的经济充满活力，就业率较高，是一种可持续的发展模式。巴斯城市布局非常紧凑，酒店也很充裕，游客来到巴斯，可以走出酒店直接步行到城内任何想去的地方，不需要开车前往，不失为一种非常环保的方式。巴斯之所以能够实现综合性地保护历史遗产，又能在管理上更具有商业偏向、创造经济效益，做好保护与开发的平衡，关键还是取决于科学的遗产运营思路和所有权、保护机构、旅游发展机构三者分离的管理制度。

图3-7 皇家新月楼

第三节 渗透性景观规划

18世纪,英国的度假型城镇得到发展。这类城镇往往有温泉、海滨等休闲设施,吸引以中产阶级为主的群体到这种风光宜人的地方度假,从而促进了这些城镇的发展。而巴斯市正是在这样的背景下,由一个中世纪的罗马城镇发展为一个当时盛行的温泉疗养胜地,其城市的规划设计也得到了发展。

对这一时期的巴斯进行规划的是建筑师约翰·伍德父子,大伍德首先设计了位于城市中心的圆形(Circus)广场,形成了一个圆形的开敞空间,四周环抱着一组多层建筑群,后由小伍德建造完成。小伍德建造了皇家新月楼(Royal Crescent),并在广场中央规划了一处公共花园。这组建筑群中所有的建筑围绕而成的场地中都规划了园林,并通过伍德大街(Wood Street)和欢乐街(Gay Street)等街道进行了有序连接。建筑群构成了景观的边界,街道形成围抱着景观的双臂,各组建筑之间以整齐的街道相连接,同时又与景观相互穿插。伴随英国自然风景园的发展,巴斯的郊区形成了大片的风景园,这些土地延伸进城区,或作为前景,或作为景观的一部分。在巴斯市的规划中非常注重视野规划。人们在建筑中、大道上或者城市的观景平台上可以欣赏山下的草地或田野，其上放牧着牛群和羊群。为了分隔人和动物的活动空间，防止羊群进入他们活动的草坪，风景园中的重要要素暗墙（Ha-ha Wall）在巴斯得到了应用。新月广场上一条暗墙横穿大草地，并且与台阶结合。整片草坪的地势从环抱着草地的建筑向风景园依次降低，因此由建筑向草地望过去无法发现暗墙，看到的是一片连贯而没有间断的草坪，而放牧的羊群则无法跨越暗墙到人活动的草坪，以此保证视觉效果的完整和美观。Ha-ha的概念源于法国，最早在1686年就出现了"Saint-Louis-du-Ha! Ha!"命名的地点，该地名依然沿用至今，暗墙也一并成为该地区花园的特色之一。人们从草坪远处看，是看不见这堵墙的，等走近一看，才发现这个沟，而动物们都过不来，于是大家不免"哈哈"一笑，故而命名"Ha-ha Wall"。现在，在很多乡村房屋和庄园的土地上仍然可以找到暗墙，它的修建让牛和羊不能进入正规的花园，而且不需要用突出的栅栏，它们的深度约为0.6米至2.7米。1780年，寄居于巴斯的小说家范尼·伯尼（Fanny Burney）曾这样赞赏巴斯："我们可以看到草地、山丘、羊群……在这里你可以欣赏到大自然所有的景色。"

如果从整个城市与乡村的角度来解读巴斯的景观规划，那么在城市中，居住区由园林广场所围绕，建筑群和广场环抱的地方规划成了景观，大道被改造成绿带；而在城市外围的乡村，大片的自然风景园包围了城市，并延伸至城市的内部，与内部的景观连接成为一个整体。景观以一种渗透的形式将建筑和道路等硬质空间包围起来，在建筑之间穿插交融了大量自然形态的绿地。景观在城镇的内部创造了一种乡村的风景，并与城市外围的乡村联系成为一个整体。巴斯的这一景观规划方式蔚为风潮，盛行于整个英伦群岛，首先是其他的温泉场所模仿它，然后是许多城镇。在巴斯，由于世界遗产的原因，地方风貌在规划中得到了特别的重视。值得一提的是，即使是世界遗产，巴斯对地方风貌的规划也不是一味保护，而是挖掘地方的风貌，并试图与创意及设计产业相结合，提出了"巴斯新发展的设计价值"（Design Values for New Development in Bath），并总结出归属感和平衡感、地方个性、巴斯的独立精神等"战略性设计价值"（Strategic Design Values），以指导社区规划与园林的具体空间设计导则。

欧洲园林的起源可追溯至古埃及、古希腊时期。古埃及人最早实践规则式园林设计，多以果园、畜牧园形式存在。古希腊时期则将园林作为建筑附属，开始出现公共园林。到古罗马时期，吸收大量古希腊人造园的理念，发展了乡村庄园。后经文艺复兴时期，至17世纪下半叶，法国规则式园林出现，开启了欧洲园林风格新局面。进入18世纪，英国自然风景式园林的风靡，从很大程度上打破了之前古老的园林建造风格。英国风景园林花园大部分为自然式风格，精致且品种极为丰富，并与主人的爱好和花园功能有着非常紧密的联系。英国的风景园林有其独特的自然风光属性，既崇尚自然又追求变化，主题鲜明，并受到贵族世袭、经济、风景画、艺术生活、园艺植物等诸多因素的影响。在英国风景园林历史长河中还得到皇家园艺学会、风景建筑师协会、乡村保护委员会、国家名胜委员会和信托基金的保护、传承和发展。英国自然风景式园林的整体发展过程包括4个时期：不规则化园林时期、庄园化园林时期、图画式园林时期、园艺派时期。不规则园林时期实际上就是英国从之前的几何型园林过渡到自然风景园林。这个阶段并没有完全展示出英国自然风景式园林的独特特征，但对英国园林发展起到了重要影响。代表人物布里奇曼，其代表作斯陀园是英国园林冲破规则式条框走上自然风景式道路的典型实例。在不规则化阶段的园林实践过程中，很多人都开始突破原有的观念，主动使用不对称布局与非常不规则的道路来进行园林构

图3-8 皇家新月楼

造方面的创新，这个阶段是英国自然式风景园林发展的开端。英国自然式风景园林发展的第二阶段就是庄园化园林时期，兴起于18世纪初。很多新贵族们被自然主义的观念所主导，开始欣赏自然美，进而不断推崇具有自由特征的不规则式园林风格。该阶段的园林发展的起源就是贵族的牧场与农庄，所以叫作庄园化园林风格。代表人物有威廉·肯特，代表作有罗斯海姆园。这时期的英国造园家们不断把直线转变为曲线，把行列状的植物转变成群落状，同时也把自然景观和花园结合起来，实现了视觉效果与空间的合理变换。英国自然式风景园林在这一时期走向成熟。18世纪中叶，以圆明园为代表的中国古典园林被介绍到欧洲，全欧洲的启蒙思想家都向东方借鉴思想。同时，浪漫主义在欧洲艺术领域盛行，自然式风景园林在模仿自然的基础上，进一步发展成图画式园林。以钱伯斯为代表，代表作为邱园。在浪漫主义思潮和中式园林的影响下，逐渐形成了新的流派，称为中英折中式园林，人们也将其称为英中式园林或感伤主义园林。18世纪下半叶，布朗和钱伯斯去世之后，英国自然式风景园林进入了发展的后期，人们对园林和绘画的关系展开深入讨论。这个时期的代表人物是哈姆普雷·勒伯顿，他是第一个真正的职业自然风景园造园家，代表作为开顿公园。英式自然式园林造景体系中基本弱化了数字化几何形态，更强调自然化风景意境元素，这与英国人对大自然的认知有关，也与吸收了东方自然园林的美学理念有关。英国国

土景观优美，开阔起伏的地形草地，丘陵与水面、草地、树林融为一体，构成牧歌田园特色。19世纪之后，自然式风景园林的发展展示出了新的观念，比如说增加玻璃温室，大规模种植多种多样的植物等，此时的园林设计偏向商业性和实用性，艺术性反而降低了。

英式园林选址多在宫苑附近的大片空地上，这样不受场地限制，可以创造出开阔宜人的园林景观。与法国古典园林相反，英国自然风景式园林否定了模纹花坛、笔直的林荫道、规整的水池、整形的树木。摒弃了一切几何形状和规整对称的布局，避免与自然冲突，取而代之的是弯曲的道路、自然式树丛和草地、自然弯曲的河岸与蜿蜒的河流，强调借景和与园林外自然景观的和谐。全园没有明显的轴线和对称构图，亲切宜人。大面积的森林、大片不规则式栽植的树木、丘陵起伏的草地、自然式的水面及树荫下小路排列组合。暗墙元素被广泛运用，在周边不筑墙而挖一条宽沟，既可限定园林范围，又可防止园外牲畜进入，并使园内园外没有阻隔，视觉上扩大了园区范围，与自然融为一体。建筑物在总体布局中不再是主导作用，而是很好地和自然环境衔接。采用一些具有异国情调的宗教、游憩、纪念功能建筑小品点缀园林。水体很少应用动水景观，而用自然形态的水池（水镜面）点缀。作为自然风景园，植物的作用不言而喻。首先是大面积草地的运用，表现人们对田园诗歌般生活的向往。高大乔木和低矮灌木融合成一体或被溪流、河水等分割成若干部分。除此之外，英国人对于花卉的喜爱达到如痴如醉的程度。英国园林这种自然式特征是改造、顺应大自然，并与当时的时代造园思想发展有机契合的结果。英式园林植物配置是自然式的，花境错落有致，花园主题鲜明。现在的英国风景造园还加入了创意与可持续发展的主题，英国园林特别是自然式风景园林在世界园林体系中独树一帜。随着文化的融合和城市化的进展，园林的地域风格特征已经不再像古典时代那么显著。而都市人对自然和乡村的渴望，是园林发展的主导因素。

图3-9 巴斯小镇

第四节　保护中传承

从英国对巴斯古城的保护和开发可以看出，遗产的完整性、真实性、艺术性及文化性均得以完好保存。究其原因还是源于遗产保护将建筑本体和周围的城市环境作为一个整体，完整真实地保留了城市在演化过程中的历史信息。在文化维度下，英国巴斯的遗产保护与传承有很多值得借鉴的经验。

在保护传统文化和建筑遗产的过程中，英国政府逐渐意识到不能仅依靠政府及民间团体的力量，而应对大众循循善诱地引导，培育文化自信才是守护遗产最直接有效的途径。英国有世界上第一座对民众开放的博物馆——大英博物馆，且在全国范围内也拥有着很多不同种类、不同主题的博物馆。这些博物馆大部分是对民众免费开放的。政府通过这种低票价或免票的形式对公众开放文化资源，宣传本国文化的同时，引导民众以参观学习的方式了解不同时期的历史与文化，潜移默化地引导着大家对传统文化的尊重与爱护，树立文化保护的自信。在教育层面，英国对民众的遗产保护意识的育化形式是多种多样的，特别是在博物馆的参观学习、体验式的文化展示，保护意识从小培养。在英国，各个年龄阶段的孩子

图3-10　巴斯街景

在校内和校外都可接受传统文化保护的教育。英国政府还鼓励"课外学习",支持青少年儿童参加、体验与遗产保护相关的活动。在巴斯古城中有很多景点会提供这样学习的场所和机会。如在古罗马浴场博物馆的学习中心,来此学习的孩子们可以穿着罗马服饰,参与修复文物,研究罗马建筑技术,探究那些罗马人留下来的文字,甚至可以在地下现场挖掘罗马文物的复制品,充分挖掘历史文化价值,寓教于乐。除了学习中心,还有学校项目(School Programme),这个项目与国家课程紧密相连,目的是鼓励青年成为独立的学习者来此参观学习,这种学习项目本身就像是一种对公众参与发放的邀请函,宣传文化意义的同时,鼓励民众的参与体验,培养并增强民众的保护意识。

中英两国在遗产保护方面存在不同。英国有近40万处最重要的历史古迹被列入国内名录之中。该清单包括建筑物、战场、纪念碑、公园、花园、沉船等。在保护过程中,英国更注重遗产的文化价值、教育和学术价值、经济价值、资源价值、娱乐价值和美学价值的展示。对于历史建筑和历史遗存的保护并不仅限于建筑单体，大多数遗产保护是连同建筑、文化及周边环境一同考虑联系而进行成片区保护。中国的遗产保护经历了近30年的探索发展，形成了分类明确的保护体系，分为全国重点文物保护单位、历史文化名城、历史文化名镇、历史文化名村和历史文化街区四级保护体系。注重单体或村镇、街道的保护，常常忽略了对于文物本体所处的历史与文化环境的保护。中国有优秀的历史文化遗产，伴随遗产理论的日臻成熟，保护意识的日益提高，对遗产保护中的"文化"认识日益深化，原有对遗产的开发展示还不足以显露其历史遗产的价值。英国建筑遗产保护，尤其是对文化价值的展示，对于中国文物的管理、文脉的延续以及文化基因的保护同样具有非常重要的借鉴意义。

图3-11　巴斯大教堂

约克大教堂

第四章
玫瑰之城——约克

约克郡历史悠久，位于英格兰中北部，介于奔宁山脉和北海之间。约克郡是英格兰最大的历史郡，由四个从北向南延伸的带状区域组成：西部的奔宁高沼地，被约克郡山谷分割；中部低地，包括约克谷和流入东南部的亨伯河河口；东部的北约克荒原和约克郡森林；稍远一些的东南部包括北海沿岸的霍尔德内斯平原。与约克郡接壤的是北部的达勒姆，西北部的威斯特摩兰，西部的兰开夏郡，西南的柴郡和德比郡，东南部的诺丁汉郡和林肯郡。约克郡的著名城市有约克、利兹、谢菲尔德等。约克郡自古名人辈出，英国文学史上著名的勃朗特三姐妹、英国国宝级雕塑家亨利·摩尔、英国著名航海探险家库克船长等都是约克郡人。约克郡的美景举世闻名，有着绵延的山谷、古老的教堂和粗犷的荒原，连续多年被"世界旅游奖"评为全球最具吸引力旅游地。本章主要介绍北约克郡，该市是英国古城保护与城市发展有机融合在一起的完美典范，通过探访古街、古巷、古建筑、古遗址，介绍约克的历史文化和古城保护具体做法，从而对英国的古城保护有所认识。

图4-1　约克古城墙

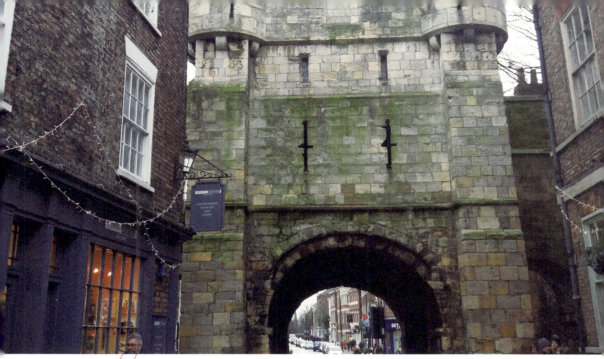

图4-2 约克古城墙

第一节 玫瑰战争与英国崛起

人类历史上持续时间最长的战争——英法百年战争,始于公元1337年,终于公元1453年,历时116年,对英法两个国家乃至欧洲,甚至世界都造成了深远的影响。英国的败退又导致了30年的内战——红白玫瑰战争。两场战争几乎长达150年。然而历史的发展却使英国因祸得福,在不知不觉中走上了正确的发展道路。在玫瑰战争废墟的昏暗中,露出了现代世界的第一丝曙光。民族国家的形成是现代化的有形载体,没有它,现代化是不能够起步的。现代化都是以民族为单位发动的,各民族都追求自己的现代化。在这个前提下,以民族为单位组建国家就具有决定性的意义。英国社会在宗教思想、政治法律、军事制度和经济发展等方面开始展露现代化的端倪。

玫瑰战争(又称蔷薇战争,英语:Wars of the Roses,1455—1485年)是英王爱德华三世(1327—1377年在位)的两支后裔:兰开斯特家族和约克家族的支持者为了争夺英格兰王位而发生断续的内战。两大家族都是金雀花王朝王室的分支,约克家族是爱德华三世的第四子"兰利的埃德蒙"的后裔,兰开斯特家族是爱德华三世的第三子"冈特的约翰"的后裔。玫瑰战争是约克家族的第三代、第四代继承人（父系：兰利的埃德蒙系）和第五代、第六代继承人（母系：安特卫普的莱昂内尔系）与兰开斯特家族的第四代、第五代继承人的王位战争。"玫瑰战争"一名并未使用于当时，而是在16世纪，莎士比亚在历史剧《亨利六世》中以两朵玫瑰被拔作为战争开始的标志，后才成为普遍用语。此名称源于两个家族所选的家徽，兰开斯特的红蔷薇和约克的白蔷薇。战争最终以兰开斯特家族的亨利七世与约克家族的伊丽莎白联姻告终，结束了法国金雀花王朝在英格兰的统治，开启了新的威尔士人都铎王朝的统治，也标志着在英格兰中世纪时期的结束并走向新的文艺复兴时代。为了纪念这次战争，英格兰以玫瑰为国花，并把皇室徽章改为红白玫瑰。

在这次战争中，兰开斯特家族和约克家族同归于尽，大批封建旧贵族在互相残杀中或阵亡或被处决。新兴贵族和资产阶级的力量在战争中迅速增长，并成了都铎王朝新建立的君主专制政体的支柱。从这个意义上说，玫瑰战争是英国专制政体确立之前封建无政府状态的最后一次战争。随着政权的统一，各地区的经济联系得到进一步加强，封建农业开始向资本主义农业转变，导致英国农村出现了许多资本主义农场，出现了一批与资本主义密切联系的新贵族，他们把积累起来的资本直接或间接地投入工业，使得英国工业、手工业迅速发展起来。

玫瑰战争结束于1485年，是在这一年英国建立了都铎王朝，西方学者把都铎王朝的建立作为近代英国的开端，是英国历史上一个分水岭。宗教改革、民众爱国主义、商业扩张，这些都使人们感觉到都铎时代是英国历史上的黄金时代。都铎王朝最大的功绩在于组建并巩固了民族国家，把英国推进到可以发动现代化的起点上。都铎王朝前期的学者们传播文艺复兴，开辟"新学"，提倡"人文主义"，为欧洲的宗教改革开辟了道路。亨利八世的宗教改革宣告了一个民族国家的兴起，也在一定程度上改变了英国在欧洲的地位。此后，英国作为大国在西欧迅速崛起。

图4-3 约克大教堂内部

第二节 约克大教堂

  约克大教堂是世界上最宏伟的大教堂之一。自7世纪以来，大教堂一直是英格兰北部基督教的中心，今天仍然是一个生机蓬勃的教堂。约克大教堂所在地附近有多座超过1400年历史的教堂，其中一个木制教堂保存着公元625年的记录，埃德温国王的洗礼在此地举行。约克大教堂始建于1080年左右，曾遭到严重破坏，历经400年才建成今天的模样。诺曼大教堂是约克大教堂的前身，由巴约大主教在1080—1100年监督建造，其横断面和中殿墙壁的遗迹保留在安德克罗夫特博物馆。在接下来的两个世纪里，约克大教堂最知名的建筑瑰宝被创造出来。礼堂于1290年代初完工，其拱形天花板在创建时是独一无二的，它不是由中央柱支撑，而是由屋顶的木材支撑。中殿于1291年开始施工，历时60多年完成，成品长63米、宽32米、高29米，是英国大教堂中最高、最宽的中世纪哥特式中殿。教堂的大西窗于1340年完工，这扇窗因其上部石雕的形状而被称为"约克郡之心"。中殿的其他显著特征包括排列在三楼上的雕像，其中许多雕像在16世纪的改革中被损坏后失去了头部。中殿建成后，现在的东区（1361

年）开始动工，1405年，一个意外的出现增加了工作量，当时中央塔楼的一部分在暴风雨中倒塌。1407年，亨利四世派他自己的泥瓦匠威廉来帮助重建塔楼，他一直参与其中直到1420年去世。最终在1472年7月3日，约克大教堂对公众开放。今天的石匠仍然使用从他们中世纪的前辈那里传承下来的技能和技术，在每年8月的约克大教堂国际石雕节上能看到专业工匠们的作品。

约克大教堂主要用石材建造，教堂气势恢宏、工艺精美，历经数百年依然坚实、挺拔，教堂顶部的塔尖像一把把利剑直刺云霄，给人以历史的深邃和庄严，精巧的雕刻令人震撼不已。约克大教堂东面一整片的彩色玻璃，面积相当于一个网球场的大小，是全世界最大的中世纪彩色玻璃窗，窗面由100多个图景组合而成，充分展露中世纪时玻璃染色、切割、组合的绝妙工艺，令人叹为观止。除了东面彩色玻璃窗外，大门入口上方的西面玻璃窗也是优秀的玻璃建筑，相较于东面和西面玻璃窗的华丽多彩，教堂北面的五姐妹窗（The Five Sisters Window）是英国历史最悠久的单色玻璃窗，在公元1260年以灰、绿两色的几何拼装法设计。教堂内还有一些如小天使、封建时代的盾牌和龙头的小收藏。每到傍晚，约克大教堂举行晚祷，在唱诗班优美歌声和管风琴相互应和下，约克大教堂显得愈发庄严恢宏。

管风琴是教堂的重要组成部分，在10世纪左右，风琴开始进入教堂，由于受到教会喜爱，被用于宗教仪式并继续发展壮大，并衍生出各种大小不一、功能不一的类型。到了14世纪，风琴在整个欧洲的修道院和大教堂中得到了广泛的应用。在西方音乐史和建筑史上，管风琴的地位一直都是不容忽视的。管风琴的发展史跨越千年，有着所有乐器中最复杂、最庞大的结构：多层的键盘，众多的音管、音栓，以及复杂的地声原理和操作技术，让管风琴成为一架能发出美妙声音的巨型机器，它还有着其他任何乐器都无法比拟的丰富而辉煌的音响，管风琴能够模拟管弦乐队中所有乐器的声音。音域最为宽广，音色最为丰富，有雄伟磅礴的气势，肃穆庄严的气氛，其丰富的和声绝不逊色于一支管弦乐队，是最能激发人类对音乐产生敬畏之情的乐器，也是最具宗教色彩的乐器。而坐在教堂这样一个宛如密闭音箱的空间里面，这样的感觉尤为深刻。管风琴不仅仅是西方音乐的核心，也是世界音乐的一块活化石。在音乐创作方面，管风琴被莫扎特誉为

"乐器之王",从古至今,弗朗西斯科·巴尔蒂、布克斯特·胡德、巴赫、莫扎特、门德尔松、舒曼、李斯特、弗朗克、梅西安、里盖蒂、古柏·杜丽娜……每个时代的作曲家都将自己的印记留在管风琴上;在建造方面,管风琴也成为人类智慧的结晶,作为所有键盘乐器的祖先,在管风琴成熟的建造理念上诞生了古钢琴、钢琴等键盘乐器,直至1877年电话的发明问世之前,管风琴都是"人类制造的最复杂的机械"。1330年的管风琴乐谱《罗伯茨布莱茨古抄本》,是至今发现的世界上最古老的键盘乐谱。今天,管风琴也在与时代共同进步,融入大量高科技与现代元素,其创作不仅局限于严肃音乐,作曲家《星际穿越》等科幻电影音乐中用管风琴深邃的声音表现宇宙的浩瀚。莫扎特曾称赞管风琴:"在我的眼睛和耳朵里,它是乐器之王"。

  管风琴在西方文化中最早用于教堂活动,后来逐步普及到音乐厅。自17世纪初管风琴随着西方传教士首次传入中国以来,管风琴在中国已经有4个世纪的历史,其间经历过多次兴衰起伏,背后折射了不同时期的中国社会变革和中西方文化交流的程度。香港浸会大学音乐系原教授大卫·弗斯西斯·厄罗斯围绕着中国现存和历史上有证可查的管风琴设立了中国管风琴项目(The Pipe Organ in China Project),他走访了中国现存的大部分管风琴场所,并对不同时期国内管风琴的具体年份、厂商、尺寸及主要配置等进行了统计汇总,对了解不同时期管风琴进入中国的情况具有较高的参考价值。《元史》第71卷中描述的兴隆笙是最早有记载的传入中国的西方风琴,但有别于今天所见的管风琴。16世纪末17世纪初,以利玛窦(Matteo Ricci)为代表的西方基督教传教士来到广东等地传教,首次将管风琴引进中国。目前能够查到最早记录澳门有管风琴的是1601年明朝官员王临享所写的《粤剑篇》。17世纪,由于百姓对天文历法的需要以及对西方科技艺术的兴趣,管风琴构造宏伟,制作精细繁复,也是当时官方和民间了解西方技术的一个窗口,因此被用于音乐等各种场合,彼时共有13架管风琴传入中国。在18世纪早期到中期,清朝政府实行闭关锁国政策,很大程度上限制了中西文化的交流。直到19世纪中期,经过工业革命洗礼的欧洲用洋枪大炮打开了中国的大门,天津等通商口岸对外开放,使得管风琴能够轻易地通过海运到达国内。19世纪中期至新中国成立以前,中国共新添了78架管风琴,见证了东西方文化的碰撞。从21世纪起，随着中国进一步对外开放，融入全球化进程中，管风琴在中国得到更广泛的普及，同时随着对文化需求的提升，各地新建了音乐厅和剧院，包括国家大剧院在内的不少音乐厅也安装了管风琴，而且往往更为宏大，演奏也更为专业，使得音乐厅逐步代替教堂成为管风琴的普及地，也让更多的民众有机会接触到这种乐器。这种大规模增设管风琴的行动反映了中国对外开放达到了一个新高度，中外文化交流更具深度和广度。

图4-4 约克茶

第三节　约克茶

　　茶是世界三大无酒精饮料之一，深受世界各国人民喜爱，饮茶风尚遍及全球。迄今为止，全世界种茶国家高达60多个，但探本溯源，世界各国最初所接触的茶名、饮用的茶叶、饮茶方法、引种的茶苗、种茶技术、制茶工艺以及茶具茶艺等皆源自中国。作为一种神奇的饮料，茶在18世纪成为英中贸易的核心商品，长期处于贸易中的支配地位，为贸易商赚来了高额利润。红茶在18世纪得到了大发展，英国人在这一时期形成了以红茶为主，下午茶为特色的饮茶习惯，直至今日，红茶已然成为英国"国饮"。

　　尽管中国茶叶拥有悠久的历史，但欧洲国家却直到16世纪中叶才知道中国茶叶，而茶叶为其认识与享用始于访华的欧洲传教士。在中国茶叶还没有进入英国本土的时候，已有少数访华的英国传教士认识中国茶，他们大都真正到过中国并在旅居过程中接触到中国的饮茶文化。东印度公司驻日本平户（今广岛）的代理人维克汉姆（Wichham）对中国茶非常喜爱，他在万历四十三年（1615年）写给澳门分公司经理伊顿的信中，特意请其想办法在当地购买最优质的茶叶

(Chaw)一罐。值得一提的是,他在信中使用的茶是"Chaw"的拼写,可见当时的英文文献资料中使用了广东话"cha"的派生词。塞缪尔·珀切斯(Samuel Purchas)于天启五年(1625年)在伦敦出版的《珀切斯巡札记》中提到了茶是中国人和日本人的日常必备品。中国茶叶究竟最早是何时传入英国,其传播途径如何,学术界众说纷纭。目前可以确定的是顺治十四年(1657年)出现在英国的茶叶是由荷兰传入的。威廉·乌克斯在《茶叶全书》中也有类似的记载。陈椽的《茶业通史》一书指出:"万历二十九年(1601年),荷兰开始与中国通商。翌年成立东印度公司,专门从事东方贸易。万历三十五年(1607年),荷兰商船自爪哇来澳门运载绿茶,万历三十八年(1610年)转运回欧洲。这是西方人来东方运载茶叶最早的记录,也是中国茶叶输入欧洲的开始。"书中还提道:"顺治十四年(1657年),英国一家咖啡店出售由荷兰输入的中国茶叶……"由此茶叶初入欧洲应归功于荷兰人,庄国土教授也认为"第一批茶叶输入欧洲,系万历三十五年(1607年)由荷兰东印度公司的商船从中国澳门运到爪哇,再于万历三十八年(1610年)运抵荷兰阿姆斯特丹。"还有一些中国学者也认同这种观点。此外,简·佩蒂格鲁的《茶叶社会史》,刘鉴唐、张力主编的《中英关系系年要录(公元3世纪—1760年)》等书都有类似的论述,胡赤军在《近代中国与西方的茶叶贸易》一文中也有类似的描述。由此得知,荷兰是最早把中国茶叶带到欧洲的国家,而后将其转售西欧其他国家。荷兰在1657年时第一次将少量的茶叶卖给了英国。当时,茶叶刚进入英国本土还不为人所知,于是某些具有商业头脑的商人抓住了商机,陆续将其纳入自己经营的范围中,这使得茶叶在英国社会逐步传播开,之后茶叶的影响也逐渐增大。其中,伦敦商人汤玛士·卡拉威(Thomas Callaway)具有

图4-5 英式下午茶

超前的商业敏感性，他于1657年率先在自己的咖啡馆中出售茶叶。为了提高自己所经营的咖啡馆中茶的竞争力，他开始张贴广告，向民众介绍茶及其功效。输入英国的茶叶主要为红茶与绿茶，其中红茶占绝大部分，与绿茶相比，红茶的价格相对便宜，由于绿茶的造假现象十分严重，导致绿茶口碑下降，所以红茶渐渐占据了英国的主要市场，绿茶仅仅在王室贵族中盛行。茶叶开始从上流社会的专有渐渐向平民开放，饮茶风逐渐在英国各个阶层兴起，成为英国人不可或缺的消费品。在工业革命后，英国与中国存在严重的贸易赤字，这其中茶叶占了很大的比重。

每天清晨，英国人最先做的事情就是准备"早茶"，也称"开眼茶"，有人说伴随清晨第一缕阳光进入英国人房间的是清新的茶香。一般而言，英国人的早茶都是以红茶为主，红茶也是英国的招牌茶饮之一，它是清新与浓郁的混合体，在颜色和口感上都令人赞不绝口。在英国人一天的生活中，倘若没有饮用早茶，也许一天都过得怅然若失。他们对茶叶的产地十分看重，大多喜欢来自肯尼亚、阿萨姆等地的茶叶。特别讲究早茶中锡兰茶顺滑的口感，阿萨姆茶浓郁的茶香以及肯尼亚茶令人倾倒的色泽。可以说，英国人对于早茶十分讲究。英式下午茶凭借自己优雅的饮用形式和丰富的内容在世界上享有美誉。现如今，世界各地都对不同的茶叶有着独特的情感，而"英式下午茶"更成了英国人优雅生活的典型象征。

工业革命使得科技取得了长足的进步，同时，也发明了各种各样新奇的机器，不仅用于工业生产，还广泛地用于茶叶，甚至茶具加工。在此期间，许多人家都设有茶室，大量关于泡茶品茶的书籍也流入市场，举办茶会成为社会风尚，这样的社会风气，对茶文化的普及起到了推波助澜的效果。在19世纪的英国，当时的最高统治者维多利亚女皇，她对下午茶的推广起到了促进作用。下午茶可以有效地缓解人们身体上和精神上的巨大压力，可以在一种相对安静、相对轻松的环境下体会和回味人生，在工作之余，可以使身体得到全方位的放松，而茶饮料的保健作用，也有助于提升全民的身体素质，所以，她提倡全民都来享用下午茶。在英国人心中，传统的英式下午茶就是维多利亚式下午茶。这种风靡一时的下午茶文化，不但体现出了近代开始出现女性解放的潮流，更是大大地提高了女性在英国家庭、社会中的地位。起初，英国的茶文化发展是具有片面性的，因为它只在男人之中存在，体现出纯粹的男性特色。这一片面的发展趋势，很快就被扭转过来。随着茶文化的发展，饮茶已经成了英国家庭不可或缺的一部分，而女性则是家庭生活中的绝对"领导者"，所以，英国女性对茶文化的贡献是无可取代的，茶文化也在一定意义上提高了女性的地位，在某种程度上，也暗示了未来会登上历史的政治舞台。而这一时期的茶文化，也被历史学家称为"淑女茶文化"。

在很多英国文学著作中都能找到有关于英国茶文化的描写。例如凯瑟琳·曼斯费尔德的小说《花园茶会》里详细描绘了在富贵人家举办的一场经典的英式下午茶会，主人在花园里搭建了巨大的帐篷，邀请了欢乐的专业乐队，端上了精致糕点和可口的糕饼。路易斯·卡罗的《爱丽丝梦游仙境》中有疯帽子和爱丽丝一起喝茶，爱丽丝身体变小后躲藏在茶壶中的场景描写。亨利·詹姆斯的小说《一位女士的画像》开篇就是描写泰晤士河畔进行的一场雅致的下午茶会。从这些文学作品中可以看出，于英国人而言，饮茶不仅仅是一种生活习惯，更是对生活的哲思，饮茶是一种文化，一种有着积极价值的文化。

约克郡并不产茶，但拥有一个超过100多年历史的茶叶品牌——约克茶（Yorkshire Tea），深受消费者欢迎。早在120年前，英国的泰勒家族就以调制高品质的茶享誉英国，他们精心挑选出30种不同种类的茶叶创造了以丰富及新鲜口味闻名的约克茶。不同于普通的茶品牌，它没有伯爵茶、早餐茶等类别的区分，只专注于纯味红茶领域，推出的口味有：传统红茶、金牌红茶和脱因红茶。约克茶还推出了一款专门针对硬水的茶叶。茶叶品尝师每周都要尝百余杯不同的茶，一组使用软水，一组使用硬水，以此来寻找即使在硬水环境中也依然美味的茶叶，以确保不同的茶叶搭配不同的水质。选购员们还特意寻找能够与硬水中的矿物质反应不那么明显的茶叶，以减少茶水之上的悬浮物。在包装的最后还调侃说"Sadly, we can't do anything about your kettle's furry bottom"。大意是"我们能让你喝上好茶，却对充满水垢的壶底无能为力。"约克茶不仅是英国知名的茶品牌，还体现着英国人乐观的生活态度和闲适的生活方式。

图4-6　约克街头

第四节　历史与现代的存遗

一、丰富的历史遗址

  英国是一个历史悠久的国家，有着许多古老的城市和名胜古迹。英国不少古城保存完好，处处展示着历史和特定时代的光辉，其中约克就是一个杰出的典型。英国发生的一切重大事件，约克几乎一样不少地经历过。从罗马人统治、盎格鲁－撒克逊人的到来、维京海盗劫掠，到诺曼征服，再到内战烽火，都在约克演绎过。在历史的长河中，约克几乎一直是决定英国命运的大战的所在，其丰富的考古和文化遗址在英国独一无二。约克的古城保护意识萌芽于19世纪，经过两个多世纪的城市发展与保护之间的较量，经历了从民间到官方的保护意识的培育，使约克的古城、古街、有历史意义的场所都得到了保护。约克的古城保护既离不开民间人士的支持与努力，也得益于政府部门的古城保护意识的逐渐提高。约克也是英国古城保护与城市发展有机地融合在一起的完美典范。

  约克是一座古老的城市，是一座以军事要塞为起点，逐步发展成政治、经济、宗教中心的城市，坐落在北约克郡的奥斯河（Ouse）和福斯河（Foss）间，处于今天的伦敦到爱丁堡的中点。其独特的地理位置，使约克成为历史上兵家必争之地。约克城的历史反映了英国历史的主要脉络，可以说是英国史的一面具体而微的镜子。

从古至今，约克一直是北英格兰的重镇。有史记载的约克历史开始于罗马不列颠时期，罗马人在控制英格兰南部后，向北方推进。当时的约克一带由克尔特人（Celt）控制，罗马人称之为不列盖茨（Brigantes）。公元71年，罗马第九军团北上征服克尔特人，建设一个堡垒，称之为Eboracum。后来的几个世纪里，罗马人把伦敦作为英格兰南部的中心，把约克作为罗马人不列颠内陆省份的首府，所以约克成为罗马不列颠时期地位仅次于伦敦的重要军事要塞和城市。罗马时期的约克要塞建于奥斯河和福斯河的平地上，占地50公顷，驻扎了6000名士兵，最初只是木结构的军事堡垒，后来才改建为石建筑。今天，罗马要塞的旧址在约克大教堂地基之下。与罗马不列颠时期的大多数要塞一样，约克迅速罗马化，建设起了罗马城市文明的基础设施。同时，为了供应罗马军团的生活所需，在要塞周围逐渐聚居了大量居民，这时的约克城墙把要塞和居民都包括在内。

罗马不列颠时期，作为防御北方克尔特人的重要军事堡垒，约克有着举足轻重的地位，罗马帝国的不少风云人物与之有着不解之缘。罗马皇帝哈德良（Hadrian）、塞普蒂米乌斯·塞维鲁（Septimius Severus）和君士坦提乌斯一世（Constantius I）在征战中多次把约克作为临时宫廷，塞维鲁在约克期间，宣布约克是不列颠内陆行省的首府，很可能就是他授予约克殖民地或城市的特权。306年，君士坦提乌斯一世就是在约克滞留期间去世，其子君士坦丁大帝也是由该堡垒的部队拥戴为皇帝。

盎格鲁-撒克逊时期，约克更是成为重要的城市，成为军事、政治和宗教重地。415年盎格鲁人占领约克，城市易名为Eoforwic，并成为这时期的七国之一诺森伯利亚的首都。诺森伯利亚曾经短暂地称霸过英格兰，即使是7世纪晚期和8世纪的政治倾轧、争吵、不和时期，诺森伯利亚的教会、艺术、学术、文学仍处于一个黄金时代，作为首都的约克自然经历了相当长的繁荣时期。627年，为了爱德文（Edwin）的洗礼，建成了第一个约克大教堂，爱德文命令把这个木质小教堂重建为石材的，但他在633年被杀，完成石材教堂的任务留给了他的继任者奥斯瓦德（Osward）。在这个时期，约克成了主教辖区。

北欧海盗侵犯，自然不会放过繁华的约克。从维京人占领该城的866年到诺森伯利亚整合进英格兰的954年之间，约克被称为约维克（Jorvik）。海盗来自北欧，原先曾是普通的农夫和渔民，后来逐渐在农闲时节开展贸易活动，在北海沿岸建立了庞大的贸易网络。由于贸易地温暖的气候和丰富的特产，有些商人逐渐转变成殖民者和海盗，在北海水滨到处留下了他们的足迹。大概由于劫掠更加有利可图且更为快捷，所以，作海盗似乎成为当时北欧的丹麦人、挪威人、瑞典人的职业，这些人被通称为北欧海盗或维京人。在维京人统治下，约克成了重大的内陆港口，成为通向北欧贸易商路的有机组成部分。954年，最后一个独立的维京统治者爱里克·布劳戴克斯（Eric Blodaxe）被爱德雷德（Edred）驱逐出英国。

1066年，征服者威廉在黑斯廷斯击败哈罗德之后，成了英国的统治者。他在消灭了约克的反叛后，立即在奥斯河两旁建筑了两座木质堡垒，直到今天其遗址还隐约可见。在中世纪，约克发展成重要羊毛贸易中心和宗教中心。约克大教堂与坎特伯雷大教堂一道，并称为英格兰天主教会两大教堂。亨利一世授予约克第一份特许状，肯定其在英欧贸易中的权利。

中世纪的约克是英国的第二大城市，深受王室器重。从爱德华三世开始，英王一般都把第二

图4-7　街头行人

个儿子封为约克公爵（长子为威尔士亲王，即王位继承人），直到今天仍是如此。15世纪时，以白玫瑰为标志的约克家族与以红玫瑰为族徽的兰开斯特家族进行王位争夺战（史称玫瑰战争），建立过约克王朝。

在都铎王朝时期，约克经历了一段衰落期。亨利八世统治时期，伴随着宗教改革对天主教的打击，特别是解散修道院对约克的冲击很大。由于约克有许多教堂、修道院属下的医院，势力强大，修道院的解散直接威胁到许多虔诚的修士的宗教信仰和生计，所以北方约克郡和林肯郡的天主教徒揭竿而起，打起了反对宗教改革的旗帜。在亨利八世软硬兼施下，起义很快被镇压下去，约克自然受到了严厉的统治。到伊丽莎白女王统治时，约克才逐渐恢复繁荣。

17世纪中叶，约克公爵派遣一支舰队夺取了荷兰在北美的殖民地新阿姆斯特丹。这座城镇被改为新约克（New York），它就是后来举世闻名的大都会纽约市。在17世纪中叶英国革命期间的内战中，以国王为首的王党以北方为基地，约克是一个重要的基地，而议会军以南方为基地。在较量的过程中，议会军围困王军所在的约克，城墙外的许多中世纪建筑被摧毁。1644年7月15日，约克向议会军总司令哈利法克斯投降。由于哈利法克斯家就在约克，所以占领约克后，他下令禁止摧毁约克城内的建筑，从而保护了约克城内的许多历史建筑。17世纪起，约克成为当地的乡绅和商人的天下。就在这个时期，附近两个城市利兹和赫尔展开商业竞争，奥斯河的淤塞，使约克逐渐失去了贸易中心的主导地位。不过，有失必有所得，其政治、经济地位虽然下降了，但其北方富豪的社交和文化中心的角色却提高了。为此，约克兴建了许多优雅的建筑，如市长大厦、哈利法克斯大厦、舞会厅、皇家剧院、赛马场都兴建于这个时期。工业革命时代，约克成长为一个独特的工业城市。在乔治·哈德森（George Hudson）的影响下，约克成为铁路中心和制造业中心。

近几十年，约克的经济已经从制造业转移到服务业上。教育和旅游成为重要行业。今天的约克是一座既古典又现代的城市，有着成熟发达的旅游业。

二、天然的历史博物馆

早在19世纪，英国就已经初步萌发了古城保护的嫩芽。古城保护意识是在城市发展的进程中出现的,约克古城保护恰恰是在古城毁坏的同时萌芽的,是古城保护者与市政机关反复斗争的结果。1800年,正处于约克制造业大发展的前夜,约克古老的破烂的城墙似乎成为制约城市发展的瓶颈。约克古城墙首当其冲。市政当局认为其年久失修,维持费用巨大,所以想拆除约克城墙,强调要"拆除城墙和24城门"来改善城市,要求准许拆除古老的城墙和城门。"塔楼、城墙等是老古董,由此成为废墟……难以修复和很好地维持,却每年要支付巨额款项,大大超出了市长和民众的支付能力。"尽管当时的英王乔治三世和许多保护城墙者大力反对,但市政机关还是拆掉了三座堡垒、四个城门和几段城墙。为此,那些致力于城墙保护者逐渐组织起来,在1831年着手筹集经费恢复部分城墙。市政机关听之任之,但决定即使城墙恢复了也不会出力维持,甚至就在恢复城墙期间,还拆毁了城墙的其他设施。1855年,约克最后一次试图拆毁城墙,当时的卫生委员会建议拆除"威尔门和红塔间的部分或全部城墙,作为改善当地的先决条件",认为城墙"并没有特别的历史重要性",阻挡了空气的自由流通,造成了不健康。幸运的是,该项目被否决,从此,约克城墙作为历史遗迹不断地恢复。

今天的约克以古城墙闻名于世,它是整个英格兰古城墙中保留最完整、最长的。城墙最早修建于罗马人统治时期,以约克大教堂为中心,长达5公里,正方形城墙,作为防御外敌的屏障。约克城墙最出名的罗马遗存是多角塔,位于博物馆花园里,该塔建于塞维鲁皇帝统治时期(塞维鲁在209—211年驻守在约克),塔有10面,几乎有30英尺高,曾经有过8座塔,包括到要塞正门的两边各3座。旧城墙在丹麦人统治时已经失修。丹麦人修复了城墙,留下了靠近公共图书馆的盎格鲁-撒克逊塔,这是英格兰这类塔的唯一留存。

现存大部分城墙重建于12世纪到14世纪,约克城墙重建和加固,旧的维京人木质建筑为石材取代,成为英国中古时代硕果仅存的城墙。约克城墙与中国古城墙相似,在四方古城墙上,有城垛和射箭孔,城墙不宽,仅容两人侧身而过。城墙下则是草地、公园及古城的街道,街道两边还是半木结构的古老房屋。要登上城墙可以从各个登城口进入。新建了四个堡垒大门,能控制通过城墙的交通。不过在约克,真正穿过古老城墙的城门不叫"Gate",而是叫"Bar",因为

"Gate"在维京语中是街道的意思,而"Bar"却是门。"Bar"指控制进出城市交通的横挡杆,在中世纪它们也充当收费站。北边的布思翰门(Bootham Bar)和西南边的米奇门(Micklegate Bar)是以前统治者进入城内的主要入口,其他如东北边的沃尔姆门(Walmgate Bar),也都是登城墙的入口。

米奇门的正方形门楼是进城主入口的标志。门楼有四层高,上层是居住区。米奇门有一个小型博物馆,可追溯城门和古城的历史。这里也是展示被斩首的叛徒的兴颅的地方,包括亨利·珀西(Henry Percy,1403年)、约克公爵理查德(Richard, Duke of York,1461年)、诺森伯兰伯爵(Earlof Northumberland,1572年)。许多头颅经年累月地高高挂在门楼上。布思翰门的墙壁包括许多中世纪的石材,最古老的是11世纪的,但今天我们能看到的是14世纪和19世纪的产品。僧侣门是城门中最精致的,它包括可追溯到14世纪的四层高的门楼,门楼设计成可自足的堡垒,每层能独立守卫。今天僧侣门是理查三世博物馆所在地。

20世纪,随着旅游业的发展,约克的历史遗存成为城市的重要资产,不再

图4-8 街头花铺

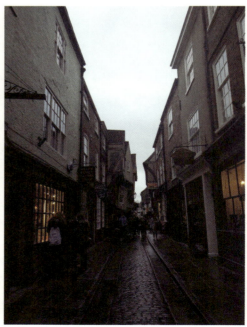

图4-9 雨后古巷

被认为是沉重的负担，古城保护意识上升为共识。1968年，约克古城被规划为保留区域。不仅如此，约克还挖掘近代的历史遗产，增添许多新的元素，使约克不仅有古城，更有许多其他吸引眼球的地方。比如1975年建立的国立铁路博物馆，1990年代开放的维京人中心，还有贴近民众生活的日常生活博物馆（又称民俗博物馆）。今天的约克地标中，除了可以步行的古城墙，北端华丽的大教堂，还有南端高高耸立的已成废墟的克里夫顿塔，更不用说火车站以及穿城而过的奥斯河。

　　漫长的历史给约克留下了无数的历史遗产，使约克成为一个天然的历史博物馆。约克古城保护的，不是僵化的几个景点，也不是死气沉沉的围起来的老建筑，而更多的是生机勃勃的古城古街。约克还有仍在使用的石头街，比如说通往约克大教堂的古代小巷。小巷大多是鹅卵石铺砌的街道，仍然使用"Gate"为街名，可以"望文生义"猜想当年街道的模样：如石头街（Stone Gate）、下彼得街（Low Peter Gate），铜街（Copper Gate）等。其中石头街早在维京人占领约克之前就已存在，今天石头街保留了许多中古时代的房屋，同时也是约克购物区的主要街道之一。从石头街延伸到周围，也都是有着中古风情的迷人街道，其中肉铺街（Shambles Gate）是约克最具历史意义的街道。这条街道是保存完好的中古街道，实际上就是以前的屠户街，房屋二三层都有向外突出的骑楼，二楼比一楼凸出，三楼比二楼凸出，呈阶梯状。越往顶楼，街道两旁的房间就越接近。之所以建成这样，是因为需要楼上突出的地方悬挂出售的猪肉，利于通风，不易变质。今天的"肉铺街"，街道、建筑、生活基本保留中世纪原貌：鱼市、肉铺、面包店、打铁铺沿街而立。

　　约克的古城保护，善于变废为宝，把考古发掘、历史感生动地表现出来。这在约维克维京中心（Jorvik Viking Centre，俗称海盗博物馆）得到体现。通过"时光隧道"，进入当年海盗活动的"地下城"，环境、声音、气味都像回到了1000年前。这原是位于内城区的一片考古发掘现场，但却成为展示历史的窗口，约克最受欢迎的景点之一。1976年，约克市发现了世界上保存最完整的维京人遗址，经过5年的考古发掘，出土文物4万多件，遗址被完整地展露出来。为了向世人展示考古研究成果，在约克考古基金会资助下，维京中心得以在维京遗址上兴建，并于1984年正式对外开放，展示了活生生的维京人生活场景。维京中心位于约克市中心，是一座红砖小楼。约克古城到处是文物古迹，维京中心与周围的建筑、环境很协调。中心第一部分是维京时代约克的简介和说明，借助彩绘的图画和遗物，反映维京人在约克的足迹。第二部分用投影方式，以由今及古的倒叙手法向观众展示英国服饰的变迁，逐步把观众拉回到9世纪的维京人时代。接着乘坐缆车穿越时光进入考古现场。这里，运用立体的场景、生动的配音、逼真的气味，再现了维京人的家居生活、市场买卖、渔猎耕种。除人物塑像和考古实物外，还可听到市场嘈杂的叫卖声，闻到鱼腥味，在村庄里可以听到鸡鸣狗吠，甚至可以闻到维京人茅厕散发的臭味。时光车的设计不仅有效地控制了人流，而且控制了行进的速度。约维克维京中心的互动设计把死的历史变成了活的历史。穿着维京人服饰的工作人员分散在各个角落，或者以说故事的方式向参观者解说维京人的衣着服饰，以及所代表的生活含义。同时向观众示范，比如在钱币展台旁边，就有工作人员示范钱币的制作，观众甚至可以亲自上手操作，制作的钱币可以留作纪念。最后，在遗址上观众还可以模拟考古发掘。约维克维京中心展示考古学遗址和出土文物的形式寓教于乐，所以该中心成为约克最受欢迎的旅游景点之一。从古城墙到古街巷，从石头街到海盗博物馆，从废墟的克里夫顿塔到时光隧道，约克处处展示着历史，历史与现实紧紧地交织在一起。也许，正是过去与现在的交融，使约克成为英国重要的旅游城市。

三、全方位的保护

从约克的历史与古城保护情况来看，约克的古城保护意识在19世纪以来逐渐成长起来。经过两个多世纪的城市发展与保护之间的较量，或者说经历了从民间到官方的保护意识的培育，现在英国的古城古街，甚至有历史意义的场所都得到了保护。不过，保护不等于不发展，事实上，英国的城市保护与城市发展是有机地融合在一起的。归结起来，从约克的保护与发展，可以大致看出英国古城保护的发展逻辑与特点。

第一，英国的古城与古迹的保护思想是在城市发展中逐渐成长起来的。19世纪约克城墙之拆除与重建的斗争，恰恰反映了古城遗址保护意识并不是自发产生，而是城市发展本身对古城提出的巨大挑战所致。众所周知，英国自18世纪下半叶工业革命展开以来，大量新兴城市兴起，老城市也获得了前所未有的发展机遇。约克就是这样一座举足轻重的老城市，而老城市在发展中难免会遇到旧城的改造、拆建事宜。所以约克城墙似乎成了阻碍城市发展的瓶颈，拆除阻碍交

图 4-10　雨后街道

通、阻塞空气流通、不利于居民健康的城墙、门楼之类似乎顺理成章。但英国又是一个历史悠久的国家，厚重的历史积淀又是不言自明的事实，因此，才会在城市现代化过程中出现拆除与保护的斗争。

第二，约克的古城保护在很大程度上离不开民间人士的支持与努力。约克城墙在被市政当局拆除的情况下，有识之士自发地组织起来，先是向议会提交请愿书，呼吁反对拆除城墙。在反对无效、部分城墙和门楼被拆的情况下，他们自发组织起来，成立相关的民间组织，不仅为古城墙的生存奔走呼号，而且积极筹措资金，运用民间的力量恢复被拆除的城墙设施。到19世纪中叶，不少城市有了类似保护古建筑的民间组织。1877年，英国已经向着高度城市化的方向发展，城市的扩建、改造在全国铺开，古城、古建筑面临更多威胁，一些古建筑保护积极分子如威廉·莫里斯、约翰·拉斯金创造了"古建筑保护协会"（Society for the Protection of Ancient Building），把全英范围内有志于保护古建筑的热心人士组织起来，发动更大的保护攻势。今天英国的各种保护历史遗产的组织不计其数，仅全国性的就有古迹协会、不列颠考古委员会、乔治团体、古建筑保护协会、维多利亚协会、英国遗产保护组织、英国历史保护信托组织、建筑遗产基金会等。通过热心人士和民间组织的努力，英国古城、古街、古迹的保护更多的是一种民间共同的意愿，而不仅仅是政府行为。

第三，政府部门的古城保护意识逐渐提高，并立法规范。早在1882年，在民间组织的推动下，就通过了《古迹保护法》。到今天古城中的一切维修、兴建、保护工作都有法可依。根据有关法律规定，凡是1840年前的建筑物，一律要加以保护，不得更改外观；1900年前后的建筑物，根据是否有保留价值而定；只有那些建于20世纪50—60年代的建筑，才可能拆建。由于立法规范细致，法律权威至高无上，所以违章建筑、搭建在英国根本就不可能出现。自1968年约克整个市中心被设计成历史保护区域以来，各种法规使约克的保护有法可依。整个约克虽然现代交通发达，却与古老街区和谐共处。由于约克城中心的中世纪建筑街道，不适合现代交通工具通行，所以许多地方不能通行汽车，城墙内的许多道路有的在办公时间免入车辆，也有的地段完全限制车辆通行。但古城外却是车水马龙，异常繁忙。

从高科技的航空博物馆，到日常生活博物馆，约克既不泥古，也不排斥现代，而是全方位、全视野地保护其城市特色。现代的火车、航空博物馆的宏观物件，与日常生活博物馆里的针头线脑、柴米油盐，一起展示着人类历史的文明进程。

针对当下遗产保护工作普遍存在的"重有形物质、轻无形文化"的倾向，对于中国来说，应加深对国际社会上世界遗产保护历程的认知，熟悉世界遗产保护概念的演变过程，扩展保护对象与保护范围，在世界遗产的保护过程中，不能只重视对历史建筑单体、遗址本体的碎片化、孤岛式的保护，而是要采取完整性保护原则与方法，既要重视物质遗存，同时也要关注其周围的自然环境、人文环境与历史文化脉络等非物质内涵，在加强遗产保护的同时延续历史文化传统和城市特色风貌。在快速城镇化过程中，如何有效平衡城市建设更新需求与历史文化保护的关系成为多数城市面临的难题。中国应加深对世界遗产保护相关文件的把握，事实上，世界遗产的保护概念在不断更新与细化，与此同时，关于该特定保护概念的宪章和公约等相关文件也会界定好保护的指导准则、法律和保护措施等普适性内容，应根据本土实际情况对这些综合的保护措施进行借鉴，同时应致力于构建世界遗产保护的共建共治格局，鼓励社会各界参与遗产保护。此外，还应在联合国教科文组织的工作框架内积极申报各种类型的文化遗产，赋予境内各类遗产以民族文化的"身份证"，以此来客观衡量保护各类文化遗产的国际性活动的成效。

莎士比亚新居的花园（莎士比亚诞生地基金会供图）

第五章
莎翁故里——斯特拉福德

埃文河畔斯特拉福德（Stratford-upon-Avon），也称为斯特拉福德（Stratford），位于英格兰中部沃里克郡。沃里克郡是英格兰中部的行政和历史名郡，作为一个行政和地理单位，该郡的历史可以追溯到10世纪。沃里克郡主要是由林地、田野和牧场组成的乡村景观，包括五个区和一个自治市镇：斯特拉福德（Stratford-upon-Avon）、沃里克（Warwick），以及北沃里克（North Warwickshire）、纳尼顿（Nuneaton）和贝德沃斯（Bedworth）以及拉格比（Rugby）自治市镇。几个世纪以来，斯特拉福德一直是一个乡村集镇，莎士比亚出生于此，由于与莎士比亚的联系，它成了英国主要的旅游中心，是世界名人故居保护与商业开发相结合的典范，其做法既代表了英国特色小镇发展的思路，也与当地实际紧密结合。本章主要介绍斯特拉福德在产业发展的过程中如何充分利用名人效应，将英国特有的传统景观文化与时俱进地融入小城镇建设中。

图5-1　莎士比亚故居花园（莎士比亚诞生地基金会供图）

图5-2 莎士比亚故居正面图(莎士比亚诞生地基金会供图)

第一节 都铎式建筑的瑰宝

在英国,莎士比亚"无处不在"。莎翁和他的作品像养料一样融入了英国文化的血脉,不仅成为英国人的骄傲,也成为了英国文化的象征之一。在风光旖旎的埃文河畔,斯特拉福德,这个承载着莎士比亚故乡盛名的小镇,更是将莎士比亚元素"进行到底"。小镇环境幽静,处处绿树成荫,景点众多,步移景异,有莎士比亚纪念碑、莎翁铜像,还有莎翁笔下名剧的人物雕塑,每年要接待来自世界各地约50万的游客。世界各地以名人故乡为特色的小镇并不少,但并不是所有小镇都能拥有像斯特拉福德这样的影响力。

步入小镇,最吸引眼球的莫过于莎士比亚故居,它也是当地的代表性建筑。莎翁故居共5幢建筑,贯穿莎士比亚的一生,分布在小镇各处:莎士比亚出生地(Shakespeare's Birthplace)、安妮·海瑟薇(妻)小屋(Anne Hathaway's Cottage)、玛丽亚登(母)故居(Mary Arden's House)、女儿和孙女居所荷尔小园(Hall's Croft)、莎士比亚逝世地纳什故居/新坊(Nash's House / New Place)。行走在斯特拉福德的街道上就会发现,不管望向哪里,眼前的建筑风格都是统一的。全镇的建筑风格相对一致，以莎士比亚生活的英国都铎王朝时期建筑物为主，不少是十七八世纪保留至今的老房子，银行、快餐店、商铺等外立面或是修旧如旧，或是尽量做到与周围建筑风格不冲突。莎士比亚主题的餐厅、纪念品店、旅店集中在莎士比亚故居附近的几条街道上，多为步行街。在允许车辆行驶的街道上，步行道与车道几乎同宽，小镇最高建筑为教堂，其他建筑均不超过三层，营造出宽松、悠闲的氛围。镇上有不少建筑被列入国家级《"英格兰遗产委员会"保护名录》，绝对不允许拆除，就连改造也有严格限制。保护名录之外的建筑，则由区、镇两级议会管理。它们的外立面风格也有统一的要求，如要拆除、改建都需批准。在大力发展旅游业的同时，充分保留了小镇的宁静和历史厚重感，以解决其发展带来的小镇环境质量下降与交通堵塞等问题。

1564年，莎士比亚出生在这座古老雅致的小镇上，街道悠长而狭窄，两旁的房屋错落有致，一条清澈的小河缓缓穿梭其中，让整个小镇充满了浪漫气息。街道两旁的建筑独具一格，精致优雅。这里的房屋建筑都是以深色木材作为外露结构，以黑白两色条状作为装饰，装饰的图案各不相同，富有变化，没有给人以单调枯燥的感觉。所有房屋联排在一起，给人以强烈的艺术感，这种独特的建筑风格源自英国亨利八世时期（1485—1603年）的都铎式（Tudor Style）建筑，堪称英国建筑史上的瑰宝。

从16世纪初，大型的宗教建筑活动停止后，代之而起的是公共建筑和乡村建筑。新贵族和资产阶级开始在农村庄园里建造舒适的世俗建筑。混合着传统的中世纪建筑和大陆文艺复兴手法的建筑风格——都铎风格出现了。都铎风格是一种过渡时期的风格，主要表现在居住建筑方面，如布拉姆霍尔大厦、亨格拉夫大厦，都是非常美丽的建筑物。这时候的府邸由于不需要防御外来侵扰而从险要地方搬到了平原地区。布局趋于整齐、定型，房间也增多了。室内装饰受到欧洲文艺复兴的影响趋于精致、细腻。墙面爱用木板装饰，上有浮雕，图案精致，墙上悬挂烛架、武器和鹿角等作装饰。到16世纪后半叶，庄园府邸建造达到高潮，这种建筑豪华而舒适，风格更为和谐，不过仍是都铎风格的延续。到伊丽莎白时代，建筑风格越来越接近大陆风格。这时府邸建筑的重要特征是大窗子的出现，最开朗、最有生活气息的府邸是哈德威克府邸（1590—1597年）和兰利特府邸（1567年）。这时期府邸建筑代表了整个16世纪的成就，甚至大大超过欧洲同时期的府邸建筑，虽然也汲取了欧洲文艺复兴建筑的经验，但却是彻底英国式的，具有开朗、亲切、舒适、朴实的风格。这种建筑渗透着资产阶级的乐观和冒险精神，为资产阶级世俗生活服务。16世纪上半叶，庄园府邸的轮廓上还跳动着塔楼、雉堞、烟囱的凹凸起伏的形状，窗子的排列也十分随意。窗口大多是方的。在尼德兰影响下，爱用红砖建造，砌体的灰缝很厚，腰线、券脚、过梁、压顶、窗台等则用灰白色的石头，十分简洁。柱式的因素还不多，而且处理得相当随意自由。室内喜欢用深色木材做护墙板，板上做浅浮雕。顶棚则用浅色抹灰，做曲线和直线结合的格子，格心中央垂一个钟乳状的装饰。一些重要的大厅用华丽的锤式屋架（Hammer Beam）。这是一种很富有装饰性的木屋架，由两侧向中央逐级挑出，逐级升高，每级下有一个弧形的撑托和一个雕镂精致的下垂的装饰物。

纵观历史，几个世纪以来，英国的建筑风格一直在不断演变，从那些早于英国创建的建筑风格（如罗马）到21世纪的当代风格，大致经历了几个重要的阶段，因为历史、宗教、政治等多种因素的影响孕育出不同时代的建筑风格：早期的盎格鲁-撒克逊式英国建筑颇为简单，通常使用木材建造住宅，用茅草作为房子的屋顶；随着威廉一世于1066年征服英国后，盎格鲁—诺曼式的建筑风格取代了早期盎格鲁-撒克逊式建筑的建筑风格得以大力传播，一直延续到1190年；

图5-3　莎士比亚故居内部（莎士比亚诞生地基金会供图）

图5-4　莎士比亚故居游客（莎士比亚诞生地基金会供图）

从中世纪的中后期开始，一直到文艺复兴时期，哥特式建筑开始盛行，成为这一时期的典型建筑风格；英国都铎王朝处在中世纪向文艺复兴的过渡时期，作为都铎王朝的第二位君王，亨利八世让英国脱离了罗马天主教会体系，大型的宗教建筑活动停止了，代之而起的是公共建筑和乡村建筑，新贵族和资产阶级开始在农村庄园里建造舒适的世俗建筑；17世纪斯特亚特（Stuart）时期的建筑结合了哥特式古典风格和都铎风格的尖拱、内部镶嵌装饰的混合风格；到了18世纪初期，随着新英国中产阶级逐渐崛起，人们对于建筑的想法也增添了更多的创新。在以伦敦为中心的区域，乔治亚建筑（Georgian Architecture）逐渐兴起；随着工业革命的迅速蔓延，到了维多利亚女王统治期间（Victorian Era，1837—1901年），复杂的曲线图案再次在建筑中"复辟"；在19世纪末期，代表安妮女王风格的建筑在一些地方再次流行，具体表现为荷兰式山墙的复苏，窗户与门窗

图5-5 莎士比亚故居（莎士比亚诞生地基金会供图）

上的玻璃和木罩，窗户和木材被画成白色；维多利亚女皇1901年去世后，就进入了爱德华的统治时期（Edwardian Era，1901—1910年），这也是第一次世界大战全面爆发前的关键时期。由于工业的成果不断显现，建筑不仅要适应贵族生活，伴随火车站、摩天大楼等公共建筑的兴起，以及工人阶级的住宅需要，这时表现出明显的建筑风格分层。

第一次世界大战结束以后，英国政府辛先试图改善工薪阶层家庭的住房。1917年发布的《都铎瓦尔特报告》（Tudor Walters Report）制定了可由地方当局建立低价保障住房的计划。这类建筑设计受到工艺美术运动（Arts and Crafts Movement）的影响，装饰不多，与农村别墅类似。当克里斯托弗·艾迪森（Christopher Addison）通过了1919年的《住房法》之后，第一批房屋便使用了《都铎瓦尔特报告》作为蓝图。房屋本身多沿大道而建，形状有胡同式和新月式等，在屋顶中央有开阔的绿地，最大限度地增加进入房屋的阳光。到了20世纪50年代后期，新一代的英国人热衷于摒弃旧的东西，拥抱新的现代风格的一切。虽然当时经济并不景气，但不影响人们对房屋建造的热情。挂砖和风化板成为受欢迎的建筑材料，许多家庭内部都是新潮、开放又丰富多彩，充满个性化的。1968年Ronan Point公寓的倒塌暴露了英国近代一些流行现代主义建筑的缺陷。与此同时，工业化需要大规模土地修建新的房屋，很多古老的房屋被拆迁，为新发展铺路。到了20世纪90年代，人们则希望回归传统，保持英国建筑的独有风格。在此期间，家庭的安全标准得到了很大改善，住宅建筑实施了更加精细的安全措施，如置入消防栓和燃气安全通道等。2000年以后，现代主义建筑开始普及，与以往不同的是，人们怀着可持续、更环保的愿望建造居所，家庭住房建造时考虑光照度、热损失程度、空气交换等。在英国，很多房子都是越老越值钱，英国街道的建筑平均寿命超过100年，转角处就是一处百年古迹的现象在英国街头屡见不鲜。保护文化资产的人文意识使英国许多历史悠久的建筑都被非常好地保存至今，不同时期的建筑也因此得到了保存。尤为可贵的是，英国的小城镇建设并不是将乡村打造为城市，而是采取"离土不离乡"的发展模式。在英国，集镇发展以乡村为依托，重点推动以农业产品为加工对象的乡村工业，为离开土地的农民提供就业机会，同时为农业规模化经营提供保障。另外，英国特别重视综合规划和建设发展，重视保护景观资源，将英国特有的传统景观文化与时俱进地融入小城镇建设中。

英国很善于对旅游资源中的文化资源进行保护、传承与传播，赋予人们最佳的旅游体验：那些不动的建筑、街道、雕塑等，都因赋予了人文故事、鲜活的历史而生动起来，并通过旅游中游客的亲身体验行为，使得英伦文化在全球广泛传播。在现代旅游诞生地英国，不同种族、不同宗教、多元文化和谐共生，古老与现代完美结合，共同培育起英国魅力旅游，使其成为国家形象提升的重要窗口。这与英国一直探索文化和旅游融合分不开，英国将旅游建成文化的载体，让文化成为旅游的灵魂，通过创意去点亮文化之魂，使得文化旅游成为创意产业，不断提升国家软实力。对于文化旅游，英国"二战"之前是放任的消极管理，后来逐渐鼓励文化商品化，再到"一臂之距"管理模式，把文化和旅游融合创新并不断推向新的高度。撒切尔政府鼓励"企业赞助"模式；梅杰政府成立国家文化遗产部（Department of National Heritage），将原先分散的六个部门的文化职责集中，形成文化遗产部，统一管理全国的文化艺术、文化遗产、新闻广播和旅游等事业；布莱尔政府提出"创意产业政策"，在原文化遗产部的基础上成立文化、新闻和体育部（Department for Culture, Media and Sport），其目标是：加大文化遗产的保护和开发，加强休闲旅游的推广，打造充满活力与希望的新英国形象；卡梅伦政府为改变"英国经济中被忽视的旅游巨人"状况，明确指出借力伦敦奥运会，使旅游业成为英国经济增长战略的重要环节，并携手相关政府部门拟定《英国旅游业发展战略》（*Government Tourism Policy*），推出"非凡英国"国家形象计划，通过文化旅游途径，不断传播国家形象内涵，提升国家软实力。英国前首相特蕾莎·梅积极推出新的《旅游行动方案》（*Tourism Action Plan*），以确保英国一直是全球游客心目中无可匹敌的目的地，将文化、新闻和体育部更名为数码、文化、媒介和体育部（Department for Digital, Culture, Media and Sport），高度重视"非凡英国"文化旅游相结合的国家形象计划。英国的文化和旅游相结合发展实践表明：文化和旅游二者密不可分，文化是灵魂，旅游业态以及其产品的竞争力实质皆为文化的竞争。文化旅游将随着当下经济的发展越发焕发生机，旅游传播也因此成为国家形象的重要途径。

图5-6 心灵之眼雕塑（莎士比亚基金会供图）

第二节 莎士比亚经济学

英国人说，宁可失去英伦三岛，也不能没有莎士比亚。2014年，莎士比亚故居所在地区接待了994万名游客，旅游业给当地经济做出的贡献高达6.35亿英镑（约合人民币59.6亿元），并且提供了超过一万个就业岗位。莎士比亚的戏剧和十四行诗被翻译成多国语言，跨越国境传遍世界。人们难以估量莎士比亚的作品在过去的四个世纪中对世界文学产生了多么深远的影响，同样也无法估算出，他的作品在全球创造出多少经济价值。

斯特拉福德小镇目前的收入，几乎完全依靠发展"莎士比亚经济"，作为名人故居保护与商业开发结合的典范，斯特拉福德享誉海外。其成功的背后，离不开一个基金会。设立于1847年的"莎士比亚诞生地基金会"是英国历史上最早由公众出资设立、购买古迹并独立运营的基金会之一。在斯特拉福德镇，街道景观、住房、庆典等由斯特拉福德地区和镇两级议会管理，而5处与莎士比亚有关的房产则由"莎士比亚诞生地基金会"管理开发。基金会独立运作，不过，由于斯特拉福德地区、镇两级议会领导人都是基金会董事会成员，基金会在做决定时会充分考虑议会的意见。目前，基金会有近200名员工以及70多名志愿者，多为文物保护、展出设计、市场运营方面的专业人士。他们除了筹资维护相关建筑之外，还设立研究室、公关等诸多部门，对莎翁作品进行整理和推广，并同世界上研究莎士比亚的大学和学会保持密切联系。在英国，以信托基金的形式对历史建筑进行管理是"惯例"，既能够实现资金自筹，又能避免过度商业开发。英国国家信托基金于1895年1月12日创立。创始人之一奥克塔维亚·希尔被要求帮助保护伦敦东南部的赛耶斯花园时，诞生了成立国家信托（National Trust）的想法。他认识到国家遗产和开放空间的重要性，并希望保护这些遗产，让每个人都能参观。在过去的一百多年里，该基金已经成为英国最大的慈善机构之一，保护历史财产和美丽的乡村地区。英国是一个征收高额遗产税的国家。以2016年为例，遗产税税率是40%，国家信托基金可以帮助他们的后代来承担这笔高昂的费用。如何确认信托机构安全可靠，精英阶级通过立法监督，家族继承人担任信托机构执行董事。这样的话，既避免了上缴高额的遗产税，又能通过对这些资产进行包装、开发衍生品，进行市场营销和推广，扩大其影响力，部分

图5-7　莎士比亚书店

资金可以对建筑遗产进行有效的修缮。在英国及欧洲其他国家，一个有好几个世纪历史的古堡价格并不高，售价在200万英镑左右。然而，业主必须负责它们的维护和保养。有关法律、法规规定不得改变其内部、外观设计、结构甚至建筑材料。业主必须负责所有材料和施工方法的更新和维护，而不能使现

图5-8　莎士比亚作品（莎士比亚诞生地基金会供图）

状恶化。罗马时代的许多旧城堡在一个小小的外墙上就需要花费几万英镑甚至更多的钱来防止它开裂，更不用说翻新了。因此，拥有这些古建筑对于普通人乃至贵族后代来说都是一个沉重的负担。国家信托所做的一部分工作，就是接手这些古建筑，复原和维修这些古老遗产，并对公开放，其门票及其他收入将投入其维护和恢复。

该机构有大量志愿者，他们自愿为某些行业服务，包括维修、修复一些旧建筑、花园等。这些志愿者大多有考古、古建筑维修、园艺、植物学等方面的成就。他们利用自己的专业知识和其他外部专家一起，进行系统和专业的清洁，修复这些遗产。在2016年度，共有6.5万名志愿者，贡献了470万个工作小时来支持国家信托的工作。按照一个全职工作人员的工作时间，一年工作212天，共1696小时，那么2016年志愿者提供帮助的时间，相当于2771个全职工作，如果按照人均年收入3万英镑计算，志愿者贡献了共8300万英镑。更重要的是，国家信托景点安排的活动帮助了小朋友培养对历史和文化的兴趣。

政府则通过财税调节、规划督导、制定政策等行政手段，对城镇建设规模、发展方向进行宏观调控，调动公众及社会团体的参与热情。此外，小镇之所以能吸引来自世界各地的游客，还得益于其塑造的非物质文化景观。小镇管理者表示，这片土地充分展示了莎士比亚在小镇上"从摇篮到坟墓"的一生。全镇都是

展示莎士比亚文化的舞台，游客可以在这里和自己的文学偶像进行心灵对话，增进情感交流，实现从走马观花的"旅"向互动交流的"游"提升。1953年，斯特拉福德莎士比亚戏剧节（Stratford Shakespeare Festival）揭开序幕，从此每年的戏剧节把成千上万的戏剧迷及旅游者吸引到了这个城市。游客可以选择自己喜爱的莎翁戏剧台词，欣赏身着都铎时代服饰的专业剧团演员进行背诵表演，也可以参加小规模的徒步旅行团，前往莎士比亚在小镇常去的地点，了解都铎时期普通市民的日常生活。景点之外，斯特拉福德还致力于传播莎士比亚文化，在全球培养莎士比亚的"粉丝群"和小镇潜在的"朝圣者"。借助网络平台等多种手段，举办电影放映、戏剧展示，组织莎剧表演、竞赛等活动。其中最有代表性的是"60分钟60个问题和莎士比亚在一起"活动，邀请了包括查尔斯王子和威廉王子在内的60名知名人士，让他们每人谈论莎士比亚一分钟，然后上传到网络，与众多网友进行互动。此外，以斯特拉福德为大本营的皇家莎士比亚剧团也长期在各地巡演，向世界演绎经典莎剧。

小镇本身的运作模式较传统，依托于莎士比亚的强大影响力，小镇将文化和服务质量做到了极致。以五幢故居和一家剧院（皇家莎士比亚剧团）为架构，打造出小镇名人文化产业链的核心环节。政府通过整体设计、完善基础设施，深挖莎士比亚文化，完整呈现莎士比亚的生平，加速文旅产业的融合。小镇的配套设施紧紧围绕莎士比亚作品中的人物、场景，包括莎士比亚皇家剧院、天鹅剧院、主题餐厅、纪念品商店、旅馆、酒店等。深挖文化内涵的同时，小镇也提供了一流的服务。小镇政府设计了一套较为完善的规划体系，投资设立信托基金，五幢故居分布在小镇中心和周围，由"莎士比亚诞生地基金会"维护和管理，而小镇的街道景观、住房、庆典等其他方面则由斯特拉福德地区和镇两级议会管理。斯特拉福德小镇之所以能够成为闻名世界的特色文化小镇，除去与生俱来的名人效应，其内部产业与本地优势资源的融合发展近乎做到了极致。

图5-9 安妮·海瑟薇小屋(莎士比亚诞生地基金会供图)

第三节 英国牡丹亭

中国明代剧作家汤显祖被称为"东方的莎士比亚",他创作的《牡丹亭》《紫钗记》《南柯记》《邯郸记》等戏剧享誉世界。汤显祖和莎士比亚是两位同时期的世界级戏剧家,在不同的文化背景与生活环境下,同样都创作出了脍炙人口超越时空的剧作,巧合的是,他们两人都于1616年逝世。

莎士比亚与汤显祖的戏剧其实非常接近,都是开放式结构。莎士比亚的戏剧一改西方古典戏剧三一律(Classical Unities,西方戏剧结构理论之一),呈现非常自由的叙事结构,时间、地点不受舞台约束,结构是流动的。汤显祖的戏剧属于明传奇,这种戏曲一改元杂剧大多只有三四幕戏的惯例,成为长度与结构都比较自由的戏剧。《牡丹亭》共55出,可以只演一个晚上,也可演两三晚,甚至有六晚超20小时的,其中的某些部分可以单独演出。此外,他们的创作精神也极其相似。莎士比亚戏剧宣扬人文主义精神,汤显祖的戏曲有强烈的批判性,宣扬个性解放。古希腊时期戏剧要么是悲剧,要么是喜剧,但莎士比亚开创悲喜融合的先河,汤显祖的戏曲也是如此,充满悲欢离合。世间只有情难诉,而他们的剧作恰恰都长于抒情，可称作"诗剧"。

　　1564年，莎士比亚生于伊丽莎白一世统治时期的英国；1616年，他卒于詹姆士一世的治下，享年52岁。1550年，汤显祖出生于中国明朝嘉靖皇帝时期，卒于1616年万历皇帝时期，享年67岁。彼时的英国是一个正在崛起的新教国家。在文化上也成了一个强国，戏剧的繁荣，是这个时代的一个重要成就。詹姆士一世时代，继承了这种势头，英语世界影响最大的两本书——首版对开本的《莎士比亚全集》和詹姆士国王钦定本《圣经》，都产生在这个时代。汤显祖历经嘉靖、隆庆、万历三朝，自24岁以后就一直生活在万历皇帝统治时期。这期间发生了"万历三大征"，明朝平定了宁夏哱拜的叛乱；派兵援朝，击败了日本丰臣秀吉侵朝的军队；讨伐了四川播州土司杨应龙的造反。尤其是征倭的告捷，让明朝维持了自己在东亚的霸主地位，但也让明朝陷入了在财政上入不敷出的困境。表面上看，这似乎跟英国击败西班牙无敌舰队相似，但实际上，在英国，是一个新兴的国家击败一个老牌世界强国，在中国，则是一个老牌世界强国勉强战胜了对它的地位的挑战者。

　　文艺复兴从15世纪开始从意大利向其他欧洲国家传播。法国与意大利接壤，因此得风气之先。英国因为与欧洲大陆隔着一个英吉利海峡，所以到16世纪初才开始受到文艺复兴的影响，然后一直延续到17世纪查尔斯二世复辟时期为止，约140年的时间。而莎士比亚正生活在这一时期。莎士比亚和跟他同时代的其他剧作家，把英国戏剧的内容从宗教灌输和道德说教，转移到了人的丰富复杂的情感、欲望、道德和政治上来；并且把英国原来粗糙、简单、内容单薄的戏剧，改造成为丰满、复杂、人物众多、情节曲折、表现手法多样的戏剧。莎士比亚的戏剧，不再是以宗教或道德说教为唯一目的，而完全是一种世俗的戏剧，这就是文艺复兴时期英国戏剧的一个鲜明特点。除莎士比亚外，这个时代还产生了许多其他的重要文化人物：在诗歌方面，这一时代产生了如《仙后》的作者爱德蒙·斯宾塞和《失乐园》的作者约翰·弥尔顿这样伟大的诗人；在戏剧方面，这是个极为多产的时代，除莎士比亚外，还产生了克里斯托弗·马洛、本·琼生等一大批剧作家；在哲学方面，产生了像《乌托邦》的作者托马斯·莫尔爵士，还有《新工具》和《论科学的价值与发展》的作者弗朗西斯·培根爵士等重要的哲

图5-10　安妮·海瑟薇小屋的一家人（莎士比亚诞生地基金会供图）

图5-11　安妮·海瑟薇小屋的月亮座椅（莎士比亚诞生地基金会供图）

学家。培根提出科学方法论，成为现代实验科学的先驱。万历年间，中国也有不少的科技和文化成就。在科技上，李时珍著成《本草纲目》，宋应星著成《天工开物》。在思想界，产生了李贽、禅师（明朝高僧）等人物，尤其是李贽在文学上提出"童心说"，主张要"绝假纯真"，并批判道家的虚伪，在明末形成了一场思想解放运动。莎士比亚和汤显祖，由于他们所处的地域不同，社会发展阶段不同，观看其剧作的观众也不同，他们的创作呈现了不同的面貌。不可否认，两人都是人类历史在相同阶段所产生的伟大戏剧家，是中西戏剧史上的并峙双峰。他们的作品，在当今社会仍具有重大的意义。

2016年，江西抚州市与莎士比亚故乡斯特拉福德缔结为友好城市关系，双方友好交流不断，互相参加对方组织的纪念汤显祖、莎士比亚活动，不断在文化、教育、旅游等领域开展合作，成为中英地方交流新的亮点。2019年4月，英国当地举办莎士比亚诞辰455周年庆祝活动，一座依托中国明代文学家、戏曲家汤显祖代表作《牡丹亭》而建的牡丹亭在莎翁故里落成揭幕。戏剧是中国文化的瑰宝，亭台是中国建筑的经典。牡丹亭将中国优秀戏剧与传统建筑相融合，充分表达了历史悠久的中国文化。它的建筑设计参考了抚州市汤显祖纪念馆收藏的古籍中木刻画，融入了中国江南园林亭台轻巧、淡雅的风格，并结合抚州建筑的特色，主体部分为木结构，由抚州市建筑企业中阳建设集团在国内预先建好并成功试拼装后，再拆解运至英国安装。牡丹亭的所有构件，包括每一块石头、每一根木头、每一片瓦，都是从抚州运至英国的，承载着最纯粹的中国文化元素。

牡丹亭在莎士比亚故乡斯特拉福德的落成，是中英文化交流一段新的佳话，同时是"一带一路"话语下中国文化"走出去"的鲜活案例。

图5-12　莎士比亚剧院

图5-13 莎士比亚新居外观（莎士比亚诞生地基金会供图）

第四节 与时代同行

多年来，英国的城市、乡镇始终坚持进行整体性、原真性保护，修葺具有历史文化价值的传统建筑，维护城镇街道、民居建筑等具有地域特色的景观格局。还有立法规定，禁止拆除50年以上历史的建筑，无人继承的传统建筑则由国家历史文物保护机构接管。由此可见，作为特色小镇之一的斯特拉福德，之所以能保持其特色，离不开法律法规的强制保障和管理者的坚决执行。就是这样一个人口不过几万的小镇，却有着厚厚的一本《斯特拉福德社区2011—2031年规划发展方案》。其中详细规定了小镇建设的总体思路、目标、建筑保护方案、资金来源等。这本160页的方案和其他19份附录一起组成了小镇的发展蓝图，其中既有扩充步行区、老城区建筑改造费用来源、在即将开发的地块间设置"战略空地"等宏观发展思路，也有对老城区临街建筑使用何种水管材料等细节要求。斯特拉福德在1553年被授予第一个皇家勋章。公路、铁路和飞机一应俱全，四通八达，交通便利。离伦敦仅两小时车程，从伦敦的马里波恩（Marylebone）车站到皇家利明顿温泉镇、沃里克和斯特拉福德，都有直达列车。斯特拉福德历史上是一块随着工业革命而兴起的区域。因为200年前铁路的修建，它和伦敦市中心被更紧密地联系起来，也因此在老工业基地衰败后借助伦敦的全球吸引力成功转型。现在，斯特拉福德地铁站外停放着一个象征工业革命时期的蒸汽机车头，火车头的背景就是好几处正在施工的高楼。这里离号称伦敦"第二金融城"的金丝雀码头也不远，这里是伦敦的休闲、零售与文化中心。2012年的伦敦奥运会也助力了斯特拉福德的转型，伊丽莎白女王奥运公园成为斯特拉福德的新地标。在奥运会前，斯特拉福德还是伦敦地价的洼地，奥运会后，这里的房价一直上涨。据统计，2012—2017年，斯特拉福德的房价涨幅在伦敦地区领先。现在，这里的平均房价约为30万英镑。斯特拉福德离伦敦不远，但房屋租金比伦敦市中心要低得多，因此吸引了许多移民前来居住。在斯特拉福德生活着很多来自东欧、非洲、东南亚的移民。这里的餐馆、商铺也有南亚、东欧、西欧、东南亚、拉美、非洲等多种类别，不同族裔还拥有不同的购物、娱乐场所。这里也更体现出英国全球化都市的面貌，最近一次人口普查显示，斯特拉福德的白人人口与非白人人口比例相当。

自工业革命以来，英国的小城镇历经200多年的演化，在英国的经济社会发展中扮演着重要角色。从风情特色来看，英国的小城镇以其独特的兼有城乡风情和地域特色吸引着人们的眼球。从城市化的深度和广度来看，小城镇可以看作是英国乡村城市化、现代化的重要环节。随着旅游业、服务业在英国经济结构中的比例上升，英国的小城镇以其独特的地域文化风貌特色，吸引了国内外游客。英国政府充分意识到小城镇在英国的历史、文化传承和经济发展中所扮演的重要角色，《小城镇规划导则》提出：小城镇的规划应该在不破坏其独特内在特征前提下，恢复它们的传统活力；必须是规划部门与当地社区、商业组织共同开展的"协同规划"。在2004年之前，英国的规划编制体系可简单地理解为三个层次，其中国家制定规划政策导则（Planning Policy Guidance Notes），地方政府编制偏战略的郡结构规划（County Structure Plan）和偏实施的地方规划（Local Plan）。2004年开始，英国开展了以《2004规划和强制购买法》（*Planning and Compulsory Purchase Act 2004*）为核心的规划体系改革。根据该法案，英国的规划体系取消了结构规划和地方规划，取而代之的是由多个"地方发展文件"（Local Development Documents）构成的"地方发展框架"（Local Development Frameworks）及"规划补充文件"（Supplementary Planning Documents）；由英格兰地区议会制定"区域空间战略"（Regional Spatial Strategy），取代结构规划，转为若干战略规划。为了指导这一规划体系的运作，英国政府又出台了25项规划政策声明（Planning Policy Statement），它们是英国国家层面对规划框架的原则性指导，虽然不具有法律约束力，但却是地方规划编制与评估所需要重点考虑的要点。2011年，英国保守党政府颁布《2011年地方主义法》，并将所有规划政策说明替换为一个更简洁的国家规划政策框架（NPPF）；在地方政府层面，"地方发展规划"（Local Development Plan）和"社区规划"（Neighbourhood Plan）取代了地方发展框架。总体而言，2004年、2011年两次改革后的英国规划体系被称为"空间规划导向"（Spatial Planning Approach）的体系。在这一体系下，地方政府拥有了更高的规划自主权。首先，《2011地方主义法》重新界定了地方政府的税收、规划政策、住房政策等事权，尤其在住房、公共事务和设施规划等领域下放更多权限给地方政府和社区。根据国家规划政策框架，地方发展规划和社区规划在规划实施中占据核心地位，是指导规划许可的法定规划，即除非有重大因素影响，颁发规划许可的前提条件是符合地方发展规划、社区规划。在规划制定过程中，地方政府可以积极寻求机会以满足本地发展诉求。

　　英国的规划显示了顶层设计的水平与智慧，在文化旅游业快速发展的同时，不断提升英国的国家形象，在树立民族品牌的同时，也在无声中彰显着国家形象，培养国民素养，并传播英国文化，吸引一批又一批的本国人和外国人前来消费。英国旅游产业发展的关键是将旅游产业中的文化话语权牢牢掌握在手中，以旅游强国的形象展示了文化传播和重构认同的能力。旅游业从产生至今，发生了理念和视角的转变，一开始是站在旅游经营者的角度，考虑如何留住游客的钱，随着市场需求的多元化，逐渐从旅游经营者和游客双方的立场上考虑如何实现共赢。随着跨国旅游在全球范围的兴起，旅游产业链条是国际关系的晴雨表之一，旅游业与国家形象和文化传播紧密相连。旅游目的地的吸引力在于旅游资源的品质和文化资源的吸引力上，所以打造旅游精品吸引游客不仅仅是经济学领域思考的问题，同时也是社会学、文化人类学、传播学、心理学更应关注的问题。英国的旅游规划设计中，不论是境内游客还是境外游客，都在知识传播和文化传播交织的旅游过程中获得愉悦与满足。"活化"，即赋予文化遗产以新用途，使文化遗产获得新生命，服务于现代社会经济。英国历史名人众多，政府充分挖掘其内在的文化价值，把文化资源转换成文化资本，开发博物馆和文化娱乐项目，产生旅游效益。莎士比亚是英国文艺复兴时期杰出的戏剧家和诗人，英国政府依托"莎士比亚"这一历史人物建成莎士比亚博物馆、皇家歌剧院、研究中心。售卖莎士

图5-14　莎士比亚新居（莎士比亚诞生地基金会供图）

比亚作品相关旅游纪念品，在故居旁建商场，使游客在文化欣赏的同时享受到旅游的乐趣，在旅游时也能受到文化艺术的熏陶。

在中国，自2019年开始，国土空间规划制度建设同样也将乡镇层级纳入五级三类规划体系，中央和各地方政府都陆续出台了针对该层级的规划编制指导意见和技术规程。借鉴英国小城镇发展和规划的经验，乡镇层级国土空间规划的编制除了完成空间规划的各项"规定动作"、落实市县级空间规划传导至乡镇层面的内容和指标外，需充分认识乡镇国土空间规划的特殊性，有针对性地增加社会、文化、历史、生态等特色规划编制内容。在追求经济发展的同时，正确认知小城镇在社会、历史、文化中的不可取代性，重视和审慎地保护小城镇的特色资源，引导中国小城镇成为疏解大城市人口、承载地域特色、传承历史文化最重要的空间载体之一。如何在发展中审慎地保护特色，是编制和实施小城镇层面的国土空间规划所必须考虑的问题。对于中国的旅游业发展而言，旅游业不仅仅是旅游部门的事情，而是文化部门、社会组织、研究机构和企业协会、当地居民共同参与、共同规划的事情。引领潮流意味着掌握话语权，话语权必然深植于雄厚的文化软实力中，就像英国旅游的吸引力在于以厚实的文化软实力和话语权创造文化理念，将文化理念融入旅游教育中，吸引游客的脚步和心灵。

哥特式尖塔

第六章
只此青绿——温德米尔

英格兰湖区（Lake Districts）是英国著名风景区和国家公园，主要位于英国坎布里亚郡（Cumbria）行政县，还占据了历史悠久的坎伯兰郡、兰开夏郡和威斯特摩兰郡的部分地区。湖区于1951年成为国家公园，占地2362平方公里。涵盖英国主要湖泊，其中有最大的温德米尔湖和英国最高的山脉斯科菲峰（948米）。从西到东宽58公里，从北到南宽64公里。2017年根据自然遗产遴选标准（ii）（v）（vi），英格兰湖区被联合国教科文组织世界遗产委员会批准作为自然遗产列入《世界遗产名录》。本章以温德米尔为案例进行分析，集中探讨湖区是如何利用自身自然资源和旅游资源实现保护中发展，以及当地规划机构对区域发展的愿景和遇到的挑战，探索国家公园居民共治的管理模式。

图6-1 小镇街道

图6-2　湖畔天鹅群

第一节　英国人的后花园

美国《国家地理》杂志将英格兰湖区评选为"一生必去的50个地方之一",入选理由是:人类和自然良好共处,相得益彰的经典。作为湖区国家公园的一部分,温德米尔是一个十分受欢迎的旅游中心,有着"英国人的后花园"之美誉。温德米尔湖是英格兰最大的湖,位于湖区东南部,湖长17公里,宽1.6公里,面积16平方公里。从地质学上看,湖区诞生于约200万年前的冰川时期。那时候,英格兰的整个北部和东部地区都被冰川覆盖着,在重力的作用下,冰川从湖区附近的山峰上缓缓向下流动,将大地侵蚀成了今天的美景——大大小小的湖泊、U形峡谷以及连绵起伏的山丘。不过,有些"年轻"的湖泊并不是冰川时期形成的,它们仅有数万年的历史。有趣的是,在湖区的多个湖泊中,真正被当地人称为"湖"(lake)的,只有巴森维特湖,其他的湖泊,包括面积更大的温德米尔湖,在英语中都被称为"水"(waters)或"泽"(meres)。在中文里,它们还是统一被翻译为"湖"。湖区夏季平均气温为16℃,冬季平均气温4℃。湖区冬季气温较低,较适合旅游的季节为春夏季(5—8月),白昼时间

图6-3 湖中小岛

长,一般早上五点日出,晚上九点日落。气温通常在14～26℃,非常适宜出行游玩。

　　走进湖区,映入眼帘的是一幅幅宁静安详的画面,一种祥和的美感油然而生。在湖区葱郁的林地、突起的岩石、蜿蜒的山谷与平静的湖水之间,是充满生机的农场、牧场,以及从中世纪就一直存在的古老村庄和城堡。站在斯科菲峰放眼望去,能看见悠闲的羊群在大片的草地上啃食青草,泥土筑成的道路连接着各个村庄,山脚下还有几处废弃已久的石墨矿场和采石场。英国全岛受大西洋暖湿气流的影响,属于典型的海洋性气候,温和但变化多端,一日之内常常就有多次晴雨的转换,艳阳高照的天气转瞬间就变成倾盆大雨。在湖区,无论天气如何,都有着独特的魅力:在风雨中,湖泊被水雾笼罩,远处的山岳若隐若现,水雾像薄纱一样在山间环绕,犹如仙境;在晴天,阳光、蓝天、白云下的湖泊清澈明净。不过,明净通透的湖区景色并不常见。由于湖泊大多四面环山,使得湖面蒸发的水气不易散去,因此即使在晴朗的天气里,也常常烟雾缥缈。

英国湖区是英国人的心灵之乡,很多英国人非常钟情于这片土地。湖区这个品牌有很高的知名度和美誉度,给人的感觉是浪漫的、无拘无束的,甚至还带有一点点感伤的情怀。早在18世纪末期,由于本土乡村和田园诗歌的影响,有阅读和写作能力的公众对自然的欣赏发生了巨大变化,湖区作为稳定性的一种有力的文化象征更容易被人们接受。湖区对于英国人是一种民族性的、神圣的存在。湖区不仅是重要的旅游中心,也是新观念的温床——体现人、地、道德和环境之间的耦合关系。18世纪英国的工业革命如火如荼地展开时,大量的环境污染使得人们产生抵抗情绪,渴望回归原始美好,对节制与朴素进行进一步的反思。时至今日,湖区成为人与自然和谐相处的典范,人们对湖区生发出充满敬畏的情感。风景就是遗产,湖区不仅仅是含景色和景观类型,更具有本质性的生态文明意义,彰显着人与自然和谐共生的珍贵理念。

图6-4 雪山碧水

图6-5 湖区山林

第二节 诗意地栖息

英国历史上,美景如画的湖区很长时间都名不见经传,直到19世纪才一举成名,成为英国人引以为荣的地方。19世纪初,华兹华斯、柯尔律治、骚塞三位英国诗人隐居这里,创作出大量歌咏湖光山色的田园诗,形成了英国文学史上重要的诗歌流派——湖畔派。从此,湖区名声大噪,成为英国的人文圣地。

19世纪末,女作家碧雅翠丝·波特来到这里,创作出深受儿童欢迎的卡通形象"彼得兔"。碧雅翠丝·波特还致力于让湖区逃过工业革命的"魔爪",使它仍然保留着中世纪的模样。波特于1866年出生在伦敦,二十多岁的时候,她与湖区当地的牧师结婚后,便深深地爱上了这里崎岖的山峰与深邃的湖水,选择居住在温德米尔湖附近的农场。居住在湖区的日子里,波特创作了英国乃至世界卡通史上著名的兔子形象——"彼得兔",并衍生出许多生动有趣的童话故事。在英语国家,几乎每一个小孩子都拥有"彼得兔"的卡通绘本。当时的英国正处在轰轰烈烈的工业革命中,全国大部分的森林都被砍伐,森林覆盖率陡降至5%以下。也是在这个时候,伦敦因为空气污染严重,成了著名的"雾都"。当工业化的触角伸到湖区时,波特下决心全力庇护湖区的天然丛林。她将几乎所有的写作收入都用于购买湖区的地产和农场,并在1895年成立了国家名胜古迹信托组织,以保护湖区的自然景观。如今,这一组织成了世界上最大的环保慈善组织之一。波特去世时,还立下遗嘱,将名下所有的湖区领地和农场悉数捐出,希望森林不被砍伐,农夫也能按照传统的习惯进行生活和劳作,使湖区能鲜活地保存下来。在波特的带动下,不少人加入保护湖区的行动中,终于使这片斑斓美丽的土地成功地逃离了现代化巨轮的碾压,成为一处悠远宁静的世外桃源。如今,在离温德米尔仅两公里的鲍内斯镇上,还有为"彼得兔"和波特建造的"毕雅翠丝·波特的世界"。这里介绍了波特一生的事迹,并用雕塑、绘画等多种形式描述彼得兔的故事。

湖区的魅力并不只在它秀丽的湖光山色,更是因为几百年来无数文人墨客在这里留下的吟咏唱和。英国文学史上著名的湖畔诗派就诞生在这里,并留下了无数脍炙人口的诗篇。在诗人们眼中,湖区的一山一石,一草一木,都是一首清新、自然、隽永的诗篇。华兹华斯是湖畔派诗人中的佼佼者。对法国大革命的失望,让华兹华斯不再跻身仕途,而是寄情山水,在大自然中寻找心灵的慰藉,湖区的自然风光打动了他。隐居在湖边的华兹华斯常常沿着湖畔散步,并将铺满落叶的小路、山谷传来的潺潺流水声、鸟儿的歌曲、村庄里木柴燃烧的噼啪声都写入了诗歌中。他说:"嫩草萌动的春天的田野所告诉我们的教谕,比古今圣贤所说的法则指示我们更多的道理。"在湖区的细雨无声的陶冶浸润之下,华兹华斯写下无数优美动人的诗篇,也教会了英国人如何寻找心灵的宁静。如今,湖区被英国人当作后花园,每年都有上百万的游客来这里欣赏它的迷人风景,聆听大自然的呼吸。

德国诗人荷尔格林曾经写

图6-6 湖区丛林

了这样一首诗——《人，诗意地栖居》。而真正让这句话声名远扬的，是哲学家海德格尔。他将这句话延伸为：人，诗意地栖居在大地上。不但为人们的日常生活赋予了哲学和审美意义，更道出了归属感，描述了人与自然和谐相处的生存状态。在快速的城市化进程中，人们住进了高楼，却失去了田园；得到了装点着奇花异卉的虚假景观，却失去了本当以之为归属的一片天地。城市里钢筋水泥的冰冷和现实生活的疲惫让很多人发出了"诗和远方"的呼唤。然而，舒适的居住环境，物化了的世界再有诗意，未必就是诗意地栖居。是否诗意地栖居，关键看人的精神家园如何。纵观中国文学的历史长河，中国作家在很久以前就关注人与自然的关系，并在他们的作品中进行探讨解读。从《诗经》到唐诗宋词，从汉赋到清代话本小说，中国的文人们历来注重自然与人之间的互动，王维隐居辋川十四载，在他的《辋川集》中，天地万物都是有灵性的，它们平等而自然地在天地间存在，每一事物都具有一席之地，自顾自地生长，怡然自得。在很多王维的诗歌里，人迹完全被抹杀掉："秋山敛余照，飞鸟逐前侣。彩翠时分明，夕岚无处所。"在诗中，通篇没有人出现，人类不是自然的主导，人像天地云彩花朵树木一样，只是世界的一部分。陶渊明的《饮酒·其五》描述了诗意栖居的状态："结庐在人境，而无车马喧。问君何能尔？心远地自偏。采菊东篱下，悠然见南山。山气日夕佳，飞鸟相与还。此中有真意，欲辨已忘言。"海德格尔的"在世存在"的万物平等性在王维和陶渊明的诗中找到了最好的诠释，世间万物本应如此。中国古代哲学家庄子主张道法自然，认为应当顺从天道而摒弃"人为"，剔除人性中那些"伪"的杂质，与天地相通，与自然和谐相处。正如《逍遥游》中所载，列子之所以能御风而行，遨游于无穷，正是因为他能"乘天地之正，御六气之辩"，顺应了天地万物的本性而已。至人无己，神人无功，圣人无名，不为凡尘俗世所约束，不因他人之语论功过，这种超脱于尘世之外的逍遥境界，是最契合庄子天人合一的思想。

关于诗意地栖息，在中国西南地区纳西族先民的《东巴经》中可以找到记载，纳西先民的自然崇拜意识上升到了对人与自然之间关系的辩证认识，在泛灵论的支配下，概括出一个作为整个自然界化身的超自然精灵"署"，并形成了规模庞大的"祭署"仪式。"署"是东巴教中的大自然之精灵，司掌着山林河湖和所有的野生动物。人类与"署"原是同父异母的兄弟，人类掌管的是盘田种庄

图6-7　湖区村庄

稼、放牧家畜等；而他的兄弟"署"则司掌着山川峡谷、井泉溪流、树木花草和所有的野生动物。人与自然这两兄弟最初各司其职，和睦相处。但后来人类日益变得贪婪起来，开始向"署"兄弟巧取豪夺，在山上乱砍滥伐，滥捕野兽，污染河流水源。其对自然界种种恶劣的行为冒犯了"署"，结果人类与"署"这两兄弟闹翻了脸，人类遭到大自然的报复，灾难频繁。后来，人类意识到是自己虐待"署"这个兄弟而遭到了大灾难，便请东巴教祖师东巴世罗请大鹏鸟等神灵调解，最后人类与"署"两兄弟约法三章：人类可以适当开垦一些山地，砍伐一些木料和柴薪，但不可过量；在家畜不足食用的情况下，人类可以适当狩猎一些野兽，但不可过多；人类不能污染泉溪河湖。在此前提下，这两兄弟又重续旧好。东巴文化中所反映的观念与海德格尔的论点类似，反映了一种应该尊重和礼敬自然界的主张，从中可以看到一种基本的观点：人和宇宙间的万物是平等的，都是宇宙间的一分子。尽管人类自诩为万物的主人，但人类的生存状态其实取决于大自然界的生态平衡，自然界不依赖于人类，而人类则需要依赖于大自然才能生存。东巴文化中所反映的敬重自然界万物的观念固然产生于古代自然宗教的泛灵信仰，但这种敬畏自然的思想至今仍有它非常积极的意义，人类在任何时候，都要以一种平等的心态对待大自然，特别是要充分意识到人类的生存是依赖于自然界这个道理。东巴文化中人对自然界"欠债"的观念有利于约束人对自然界的开发行为，凝聚着纳西先民在自然界的生存经验中总结出的朴素而充满真理性的非凡智慧。

在生态环境日益恶化的今天，重读海德格尔，重新走入王维和陶渊明的山水世界，可以让人类追本溯源，重视赖以生存的自然世界，建设更美好的家园。海德格尔的在世存在哲学、中国古代文人的田园诗、庄子的哲学经典、纳西族先民《东巴经》中的朴素生态观依然能够给人以深刻启迪。

图6-8　湖区水上运动

第三节　集群化发展

整个湖区由众多小镇组成，它们在自然风光上同属于"湖光山色"型，给人的感官差异并不大，如果只是体验自然风光，仅需在其中一个小镇待上一天，也就不存在"集群发展"的可能。但很多到此地度假的游客会一连待上许多天，在多个小镇间辗转往返。自然风光吸引人，但真正能留住人让人们愿意经常到此地度假的，是各具特色的小镇。湖区的小镇基于自身的交通位置、文化历史背景等因素，在整个集群系统中各有自身定位，发展出满足人们不同需求与偏好的产品与服务。

作为门户的温德米尔，是许多人搭乘火车到湖区旅行的第一站，除了火车站，这里还设有巴士总站，又因为紧贴温德米尔湖，可以方便地乘坐游船。四通八达的交通和丰富完备的湖区导览设施让这里成为最重要的旅行集散地。从温德米尔往南不远便是湖区商业设施最为完善的鲍内斯。风光秀丽的鲍内斯有很多旅馆、餐厅和商店，是游览湖区的最佳站点。彼得兔世界博物馆便坐落于鲍内斯的湖畔街道上，博物馆以《彼得兔的故事》为主题，展示了故事中的23个场景，是彼得兔粉丝的打卡圣地。格拉斯米尔是湖区非常受欢迎的观光小镇，维多利亚田园风光是这里的精髓。鸽屋（Dove Cottage）是湖畔派诗人代表华兹华斯在1799年买下的一栋别致小屋，在这里，他完成了一部部浪漫的创作。英国传统美食姜饼也是格拉斯米尔的知名标签之一，据称是世界最早的Nelson姜饼屋始于1630年，当时创作出独特姜饼的萨拉·尼尔森（Sarah Nelson）女士用她的独家秘方在这里制作姜饼并出售，至今这家姜饼屋仍沿用着这一秘方。

湖区不仅保存着工业革命时代以前的建筑和风景，还完美地保留了那时的生活习惯。这里的历史气息，不是放在柜台里让人瞻仰，而是渗入到日常生活的点滴，让人亲身体验。想要了解英国中世纪的法律历史，湖区小城兰卡斯特是最佳的地点。小城内的兰卡斯特城堡是一座有着千年历史的城堡。这座古朴的城堡一直以来都被作为监狱和法庭。这是一座在当地拥有无上威严的监狱，据当地人说，上千年来能从这座城堡越狱的人只有3个。与众多的古堡相似，兰卡斯特城堡拥有高大的城墙、高耸的瞭望楼、深邃的门洞，以及台阶上的青苔痕迹。但是进入城堡内部，就能发现兰卡斯特城堡与众不同之处，这里没有豪华的家居或名贵的壁画，只有威严肃穆的审判厅，充满肃杀之气、挂满刑具的刑讯室，以及至今仍在使用的民事审判厅。千年以来，这座城堡审判了不计其数的犯罪案件，将那些罪大恶极的罪犯留在这里接受惩罚。

安布赛德是湖区另一个迷人的小镇。桥屋是这座小镇的地标性建筑。沿着小溪一侧，是新修的水泥公路，青石垒成的护栏隔开了溪流和公路。小溪上，一座跨度不到十米的小石拱桥连接了小溪两岸，但石拱桥之上，不是人们熟悉的青石板桥面，而是一座由石块筑成的两层小楼。据说，300多年以前，当时的屋主为了逃避高额的地税而将房子建在了桥上，楼上楼下一共两个房间，总面积还不到20平方米。让人匪夷所思的是，这座小房子当年曾经住着8个人。1926年，桥屋的主人将它捐给了政府。现在，桥屋被改造成了一个商店，售卖各种旅游纪念品。

克斯维克是湖区最大的城镇。这是一座维多利亚时期遗留下来的古老市镇。镇上的房子大多依山而建，院子外有一块块黑灰色的石块垒成的低矮围墙，古朴雅致的外墙上爬满绿色的藤蔓，小院里种满着鲜花绿树。干净整洁的街道两边是形形色色的小店，陈列着精美的木雕、陶瓷、手工绘画。连通小镇与外界的几条路，无论是现代化的湖区环湖公路，还是曲径通幽的林间小路，都一尘不染，宁静整洁。只能步行的林间小路蜿蜒着通向附近的断崖和瀑布。小镇附近，有著名的凯尔特人的巨石遗迹：古老神秘的卡塞里格巨石圈。巨石圈是英国著名的史前纪念碑，它的历史可追溯至5000多年前。石圈由38块形状和大小各异的石头组成，有意思的是，卡塞里格石圈并不是一个完整的圆形，它的东北部是平的，而东边又有大约10块石头被包围成矩形，这一直是考古学家间备受关注的话题。

  湖区的每个小镇都有自己的特色，而不仅仅局限于湖光山色的美景，它们共同组成了体验丰富、能满足多种人群爱好的湖区。各个小镇独具特色是差异化的一面，整个湖区还有作为整体的另一面。这些小镇单独来看，其特色并不足以支撑其在世界范围的知名度，而作为一个整体的湖区，才是其对外最好的名片。将小镇紧密联结在一起的，是湖区内部完整的水陆交通体系。乘坐火车、观光车、游船，或者选择划船、徒步、骑行等都是游览湖区的好方式，整个湖区将所有行进路线进行整合，结合境内自然美景和历史人文资源，形成涵盖不同景点、分为多种难度的游览体系，同时串联起各个小镇，打造出73条风景游览线路，全长900多公里。多种类型的游览线路带来种种不同的观光体验，既有陡峭的有挑战性的线路，又有平坦的舒适休闲线路，还有饱含历史感的文化线路。湖区内的交通网使得湖区各镇共同组成了一个既能均衡负载，又能串联各个小镇发展的"血液循环"系统。各个小镇由统一的交通网络、服务节点进行串联，形成完整的休闲旅游区，而非割裂分散的普通乡镇。这种交通网络盘活了整个区域的集群发展，让小镇与小镇之间相互引流。另外，丰富多样的交通线路本身也成为湖区不可或缺的休闲体验构成。在湖区，除了大量的各层级酒店住宿设施之外，还有多样化的餐饮，从湖畔的下午茶到正餐，从英国"国菜"炸鱼薯条到牛排，都能便捷地享受。而各类由当地人经营的百货商店、各个小镇有历史渊源的伴手礼小店、提供综合服务的农庄，共同构成了湖区完善的商业服务体系，使得湖区旅行便捷舒适，游客没有后顾之忧。对于湖区的商业经营者来说，提供更吸引人的产品、更优质的服务是必须面对的问题，这也让湖区能不断地发展，推陈出新，相比"门票经济"更有效率。

英国湖区的集群发展表明,在山山水水背后,能够赢得回头客的,是让人更加休闲放松的生活方式。物质与精神生活越来越丰盈的时代,旅行不再是追求"新鲜感"的重要途径,人们越来越重视度假的休闲与放松,而随着技术的不断演进,人们的出行方式、生活习惯仍将不断发生变化。对于特色小镇来说,比吸引人更重要的,是成为人们生活方式中不可或缺的一部分,成为工作与家庭生活之外的"第三空间"。

图6-9 湖区步道

图6-10 湖区风光

第四节 从荒野乡村到国家公园

国家公园（National Park）的概念最先由美国人乔治·卡特林（George Catlin）于1832年提出，目的是设立专门的场所保护美国西部地区的印第安文明、野生动植物和荒原。1872年，美国国会正式批准设立世界上第一个国家公园——黄石国家公园，目的是"为人民福利和快乐提供公共场所和娱乐活动的场地"。国家公园作为一种有效处理生态环境保护与资源开发利用关系的保护模式被世界很多国家和地区采用。根据世界自然保护联盟（ICUN）2014年的最新统计，世界上共有207201处保护地，其中，国家公园5220处。

英国自1951年设立第一个国家公园峰区国家公园起，2022年，共有15个国家公园，总面积为22660平方公里，占英国国土面积的9.3%。国家公园包含了英国最典型的大地风景，如湖泊、河流、海岸、山峰、森林、沼泽等，具有丰富的生物景观，人文景观特征也较突出，总体上以农田、林地、草地景观风貌为主。英国国家公园被称为"英国呼吸之所"（Britain's breathing spaces），1995年的环境法确定了其两个法定目标。一是保护自然美景、野生生物和文化遗产，并提升其价值；二是促进公众理解国家公园并提供享受国家公园的机会。当两个目标存在冲突时，优先考虑第一目标。此外，根据英国国家公园社区居民较多的特点，各国家公园管理局还有一个附加目标，即促进国家公园内社区经济和社会福利的发展。英国国家公园作为世界自然保护联盟保护地分类的第五类，即陆地风景和海洋风景保护区（Protected Landscape/Seascape），强调风景随时间和历史沉积而变化，是人与自然相互作用的结果。

英国国家公园在世界国家公园体系中具有特殊性：第一，资源本底条件包含优美的自然风景和深厚的历史文化积淀；第二，始建目标是为满足人对风景游憩的需求而不是纯粹的生态保护；第三，定义为IUCN第五类保护地强调了国家公园内人与自然的动态演进，人的活动形成了物质和非物质文化遗产。英国国家公园内不仅动植物资源丰富，而且分布着社区和城镇，以及大量历史遗产保护区。英国国家公园管理局运用风景特质评价，与原住民等利益相关者共同保护和管理风景资源，有助于实现国家公园保护自然美景和野生生物，以及管理文化遗产的目标。2017年，湖区国家公园成功申报成为世界遗产地。2018年，湖区国家公园管理局对湖区进行了全面的评估，认为湖区面临着可持续发展的挑战。经济方面，由于湖区的产业单一，易受到外部条件变化的影响；社会方面，住房尤其是保障性住房、公共设施的供应不足，数字基础设施覆盖度不高；环境方面，全球气候变化对湖区的生态、景观保护带来不利影响，且湖区的环境容量已无法满足日益增长的本地发展需求。为了应对以上发展挑战，2021年，湖区国家公园管理局和湖区国家公园合作机构（ldnpp）共同编制了《湖区国家公园本地规划（2020—2035）》。规划提出"通过本地居民、游客以及在湖区的企业和组织共同协作，形成经济繁荣、世界级的旅游目的地和充满活力的本地社区，同时保护壮丽的景观、野生动植物和文化遗产，使湖区成为可持续发展行动的典型地区"的总目标愿景，以及繁荣的经济，充满活力的社区，世界一流的游客体验，壮丽的景观、野生动物和文化遗产四个分目标。规划在保护世界遗产、改善地区住房和就业、应对气候变化挑战等方面，提出了指导开发决策和规划实施的策略。主要策略涵盖了各个方面，包括保护自然环境和景观、应对气候变化、资源的保护和利用、住房和配套设施、城镇中心发展、可持续交通设施、产业发展等方面共计28条政策，作为湖区公园内规划项目审批和实施的主要法律依据。在规划管理实施上进行持续的动态更新，除了规划期限为15年的本地规划，湖区国家公园管理局联合湖区合作机构制定了《湖区管理规划2020—2025》，针对经济恢复、零碳、自然恢复和气候变化应对、创造所有人的湖区、可持续交通等关键议题制定五年的行动计划，并提取了26项关键指标，通过五年一次的公园状况报

图6-11　游船码头

第六章 只此青绿——温德米尔

告（State of the Park Report）对规划的实施情况进行评估，并及时调整规划。

英国国家公园内绝大部分为私有土地，因此在游憩发展的进程中必须解决复杂的土地权属问题。政府当局通过签订访问协议、下达访问命令或者征收的方式，界定开放给民众的"可进入土地"范围。由于这部分"可进入土地"大多还是私人所有，英国政府制定了一系列关于进入权、道路使用权的相关政策、指

南，如《可进入土地：管理、权利和责任》《乡村准则》《公众道路：土地所有者的责任》等，用于明晰公众和土地所有者的权利与责任，协调游客和土地所有者的关系，解决国家公园内复杂的土地权属制约旅游发展的问题。行政与法律等强制手段是推动国家公园建设与管理的重要保证，但在利益主体多元的今天，还要学会用民主协商甚至讨价还价的方式，实现政府、社会与市场三种力量的有机整合。特别是对于公园内社区居民，要从"排除式"转变为"涵盖式"的管理策略，改变以前人与保护区相分离的管理方式，提高社区居民的参与水平，完善社区居民参与机制，积极构建管理局与社区的合作伙伴关系。英国的经验证明，社区居民本身就是国家公园景观的重要组成部分，而且社区居民越早参与公园规划管理过程，就越能从中获得更多利益；社区居民参与的管理活动越广泛，管理局与社区居民、保护与发展的矛盾就越小。合作伙伴关系的本质不在于使用权的归属，而在于决策权的参与。国家公园规划在保护第一的目标下，充分吸收各方意见，协调资源保护、旅游发展、社区发展及地方发展的关系。规划编制过程中，包括居民、社区组织、社会团体、议会、专家、企业等利益相关者全过程参与，尤其是反对意见能够充分表达，经讨论后再做出决定。在此基础上制定的国家公园规划，计划性强、目的明确、矛盾较少，易于实施操作。在规划实施过程中，还要进行公示，以便各方有机会提出意见以进行协调。在规划执法中也要进行至少一周的告示，以便被执法者及周边相关者能够知晓并理解，这使得规划具有非常好的协调性。更为重要的是，规划实施过程中的上诉机制非常畅通，个人能够直接上诉至部长，甚至有可能否决管理局已做出的决定。湖区国家公园作为世界遗产地，其规划在保护景观风貌、自然环境的同时考虑了应对气候变化的举措，同时也充分考虑了生态景观保护与本地产业发展、本地居民生活相协调的问题。通过交通改善、基础设施增强、本地农业保护、旅游产业的升级，提高湖区内原有居民的就业和生活水平，并保留原有的农业生产关系，以留住不断流失的乡村人口，在发展和保护之间寻找平衡点，实现湖区可持续的发展。英国国家公园特别注重生态环境保护和科普教育的发展。"乡村"与"城市"、"自然"与"文化"等看似对立的概念得到了很好的协调，以城乡一体化为宗旨的乡村保护运动以及兼顾自然与人文的国家公园机制是整体保护的突出体现。湖区国家公园配置有一个20人的科研团队,约占总职工数的10%。特别重视对青少年、儿童的科普教育,采用虚拟教室、科普活动周、网上公开提供科普资料等多种方式进行推广。国家公园针对不同的科普点,设置不同类型的科普游览路线,如鸟类观光路线、矿坑游览路线、野生花卉游览路线等多种类型,同时有较好的标识导览及语音解说系统。

2021年10月12日,在《生物多样性公约》第十五次缔约方大会上,中国正式宣布第一批设立5个国家公园(三江源、大熊猫、东北虎豹、海南热带雨林、武夷山国家公园),涉及青海、西藏等10个省份,这标志着中国国家公园管理体系的正式建立。社区发展是国家公园管理的重要组成部分,国家公园内社区冲突问题本质上是国家公园内农村社区的可持续发展问题。国家公园旨在保护大面积的、最具国家代表性的自然生态系统,在中国自然保护系统发挥重要作用,通常代表着国家标志性的景观和资源,理应受到最严格的保护及合理利用。尽管国家公园建设的目标是实现保护和社区的协调发展,但生活在公园附近的人们承担了很多成本和风险,例如限制农业生产、灌溉和住房用地,以及农村居民的发展活动。与此同时,农作物和牲畜被掠夺、通货膨胀、社会网络和当地文化的破坏以及外部投资压力也给当地经济增加了成本和风险。周边社区通常很难获得实质性的利益,甚至有时当地居民的资源利用被国家公园管理者认为是一种威胁。因此,如何实现国家公园建设和乡村振兴的有效融合是解决国家公园农村社区问题的重要环节。英国国家公园开发与保护协调的经验对中国国家公园的发展建设有一定的借鉴意义,但由于国情不同,其适用性还应结合中国的实际情况进行深入讨论。未来还需要广泛研究其他国家国家公园发展与保护的矛盾协调机制,重点关注中国国家公园建设过程中如何有选择地吸取经验,逐渐完善中国国家公园民众参与及环境保护的协调机制。此外,也应当立足于中国特色社会主义的大背景,积极探索协调国家公园开发与环境保护的中国经验。

古堡遗迹

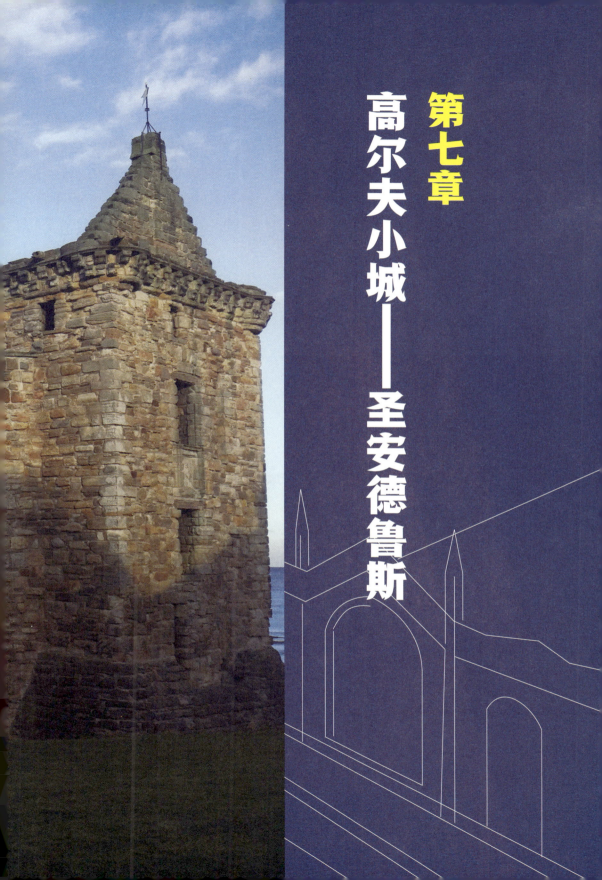

第七章
高尔夫小城——圣安德鲁斯

圣安德鲁斯市（St. Andrews City）是苏格兰的一座小城，位于邓迪市东南20公里处的北海圣安德鲁斯湾，坐落在海拔约15米的砂岩高原上。作为苏格兰历史上最著名的小城之一，圣安德鲁斯不仅保留有琳琅满目的中世纪建筑遗迹，更是赫赫有名的"高尔夫故乡"。本章通过对圣安德鲁斯以高尔夫为主的旅游文化产业的解析与阐述，从体育设施、体育活动、体育商业服务和体育公共服务等方面剖析体育小镇的产业核心，从社会综合治理角度探索体育小镇发展思路。

图7-1　西沙滩景色

图7-2 高尔夫球场

第一节　高尔夫故乡

从目前的学术文献研究来看，关于高尔夫的起源，尽管一直存在争议，但认同较高的观点是现代高尔夫起源于14世纪的苏格兰牧民的一种游戏。苏格兰东部沿海多沙滩与草地，兔子较多，牧羊人为打发无聊的牧羊时间，玩起了打石子入兔穴的游戏，加之当地天气相对比较寒湿，牧羊人经常饮用一种重量为18盎司瓶装的威士忌，每打进一个洞便喝一口（一盎司），酒喝完就停止游戏，于是高尔夫球场起伏的沙滩草地的自然场地模式和完整高尔夫球比赛18洞的规则就这样生活化地产生了，这是高尔夫现代比赛形式的雏形。世界上第一家高尔夫俱乐部诞生在苏格兰的爱丁堡，但高尔夫真正兴起，应开始于1457年的苏格兰圣安德鲁斯市。

圣安德鲁斯，这座曾经的渔村，曾在15世纪中期被尊为"宗教圣城"，拥有当时欧洲著名的圣安德鲁斯大教堂，吸引着无数信徒顶礼膜拜。小城中保留了很多中世纪鼎盛时期的建筑，但如今的圣安德鲁斯早已不再是宗教与政治的中心。高尔夫成为圣安德鲁斯最重要的"信仰"，这座小城逐渐发展成为全球高尔夫爱好者"朝圣"的高尔夫文化及旅游中心。来到圣安德鲁斯，即使不是高尔夫爱好者，也不会忽略这座古镇的高尔夫元素。街道、酒吧、喷泉、书店以及便利店，以高尔夫命名的建筑几乎随处可见，时刻提醒着你高尔夫是这里的文化主导。在这里，高尔夫不仅存在，而且它还延续着生命的脉动与灵魂。在圣安德鲁斯教堂的墓地，现代高尔夫依然以传统的方式缅怀着故去的高球枭雄，"高球之父"汤姆·莫瑞斯和第一代有历史记载的专业球手阿兰·罗伯森都长眠于此。不仅如此，阿兰·罗伯森在自家厨房制造"羽毛"高尔夫球的情形至今还在老球场对面的英国高尔夫博物馆中还原重现。

16世纪，高尔夫运动逐渐受到苏格兰上流社会的推崇，连苏格兰国王詹姆斯六世和他的母亲苏格兰女王玛丽，都是高尔夫球迷。皇家的影响，为高尔夫球运动在苏格兰的普及并最终走向世界，起到了积极的推动作用。

1854年，在圣安德鲁斯市正式组织了"圣安德鲁斯市皇家古典高尔夫俱乐部"（Royal and Ancient Golf Club of St. Andrews）。该俱乐部由22个贵族和绅士组成，他们进行比赛，来争夺一根银制球杆，并制定了13条基本的高尔夫球规则。今天，世界上成千上万的高尔夫球场还在沿用这些规则。高尔夫在苏格兰的风靡使这项运动传入英格兰。一开始高尔夫是以业余俱乐部方式进行的，到1860年时，高球四大赛之首的英国公开赛开始举行，从此高尔夫运动进入职业化。随着资本主义在世界范围的侵略和扩张，到了19世纪末20世纪初，高尔夫的种子被资本主义播撒到了五大洲，初步实现了高尔夫世界范围内的首次空间拓展。第二次世界大战后，随着世界经济的大力发展，特别是发达资本主义国家的经济步入黄金发展期后，中产阶级人数和经济实力均获得了显著的提升，并逐渐跨越了高尔夫的贵族门槛，于是高尔夫运动便重新回归平民化。20世纪，高尔夫运动传入中国。1931年，上海成立了高尔夫球游戏中心。同年，中、英、美商人合办高尔夫球俱乐部，在南京陵园体育场旁开辟高尔夫球场。进入20世纪80年代，高尔夫运动在中国得到较快发展。1985年，中国高尔夫球协会成立，1986年1月，中国首届国际高尔夫球赛——"中山杯"职业、业余选手混合邀请赛，在中山市温泉高尔夫球场举行。近几年，高尔夫球运动在中国已迅速普及和发展起来，作为一种健康的生活方式备受推崇，高尔夫球已逐渐渗透到人们生活之中，不再只是贵族的消遣。

图7-3 小镇建筑

第二节 高尔夫旅游

室外18洞标准高尔夫球场具有非常独特的景观效果。高尔夫球场的场地主体部分是非标准地形的户外运动场地，由发球台、球道、果岭及水障碍、长草区、树林等组成。可以说每个球场都绿草茵茵，草木繁盛。而不同草种及植栽的选择，场地内各种水景及桥梁的造型，球道及行车道的蜿蜒变化，地形的高低起伏，加上春夏秋冬四季的缤纷呈现，使得高尔夫球场具有非常美丽的景观效果。世界上没有一家一样的高尔夫球场，这对打球人形成了极大的吸引和挑战。高尔夫运动的三个精神内涵分别是自律、挑战自我、为他人着想，其中挑战自我既是一个人对运动精神的追求，同时也是由每个高尔夫场地的差异性决定的。几乎每个打球人都有一个愿望，就是尽可能多地尝试不同的球场。所以即使不以赛事为吸引点，仅仅因为高尔夫球场自身的特点就足以吸引一些打球人，尤其是比较热爱高尔夫运动的球手，会因为这个场地而专程到达这一地区。

在高尔夫运动创造的独特环境和氛围下，不分种族、民族、信仰、宗教、职业和性别，球场成了一个天然的社交场所，从孩童到老叟都可以在规则的范围内实现有条件的平等较量；高尔夫也是商务交际的平台，一场球的时间是四小时十五分钟，参与者可以在视野开阔、环境优雅的大自然中让交流变得容易，商务谈判也易达成共识。经历了几个世纪的发展与演变，随着科技的进步，不论是球场的设计、建造、规划，球赛规则的制定，还是对于球具的开发研究等都做出了无数次的改良与突破，譬如球的规格统一，软硬材质等的革新，而球杆头材质也区分为铸造与锻造，杆身从传统钢杆演变成至今的碳纤、硼甚至钛金属所制造。高尔夫运动已经风靡全球，成为最受欢迎的休闲运动之一。而高尔夫的英文"golf"一词，更是被解读为绿（green）、氧气（oxygen）、阳光（light）和友谊（friendship）四个单词的结合。诚信和自律是每个高尔夫球手所应具备的基本素质，相比其他运动，高尔夫的大空间性决定了球员在打球过程中无法做到被全程监督，如有高尔夫球出了球道、陷入凹处、掉进水中、被草盖住、被树挡住等球况不佳的时候，球员如果不诚信自律，作弊非常容易，而球场舞弊是高尔夫参与者的大忌，令人不齿，更多的是影响球手个人的诚信，损害自己的形象。因此，从下场最开始的按照预约时间开球，到打球过程中的诚信自报成绩，每一个环节都要求球员诚信自律，这种高尔夫诚信自律的文化可以潜移默化地影响打球者修身正己、诚信自重。高尔夫是唯一一项可以使不同水平、性别、年龄的选手实现平等比赛的竞技运动项目，这都得益于高尔夫的差点系统。差点系统由球员差点指数、各个球场的球场难度系数、球员在某个球场的球场差点及相互之间的让杆数计算等构成，最终形式是通过高水平选手给低水平选手让杆来调整两人的竞技水平，从而实现不同水平选手的同场竞技，这样，各个水平的球手之间就有了可以同场竞技的机会。相比其他运动激烈的球类运动，高尔夫运动相对较为舒缓，可满足儿童和老人的需要，它又具有球类运动的趣味性，这也是高尔夫不同于其他球类的一大特点和魅力之一，即可终生享用。无论你是青少年，还是步入中年，或是两鬓斑白，都可以尽情地享受高尔夫这项运动所带来的乐趣。

高尔夫旅游（Golf Tour）是指高尔夫球运动的爱好者离开自己所居住的城市（国家），前往异地（异国）的高尔夫球场打球、度假、参会、交友等活动。期中包括高尔夫风景游、高尔夫南北游、高尔夫猎奇游、高尔夫国际游、高尔夫商务游这五种表现形式。高尔夫旅游包含了酒店、别墅、景区、娱乐、餐饮、订

第七章 高尔夫小城——圣安德鲁斯

图7-4 小镇街道

场、会员活动等多个经济板块。从圣安德鲁斯高尔夫球的发展历史可以看出：第一以高尔夫运动为核心，举行国际级专业赛事，吸引前来观赏高水平赛事和体验运动项目的游客；第二以悠久历史为出发点，体现体育人文的精神价值，圣安德鲁斯具有悠久的文化历史和运动历史，小镇的"魂"就是对人文精神的塑造，体育小镇应一方面与国际化运动项目接轨，形成现代运动文化，同时也要深挖传统体育文化和区域民族文化，实现体育小镇内涵式发展，有了灵魂，体育小镇就找到体育文化的根、历史的泉，小镇才会更好发展；第三不断加强配套设施和服务质量，配套设施的标准应最大限度地考虑游客的感受，注重提升客户的服务度和体验度，同时体育小镇在一定程度上就是一个服务终端，其服务质量的优劣决定着游客对于小镇的感受，也会影响游客再次来小镇的想法；第四是政府的大力支持和专业化人才的培养，政府提供的政策支持和基础设施的建造为小镇的发展提供了保障，同时赛事运营与推广、体育培训、服务工作人员等专业化人才的培养为体育小镇的发展提供持续的动力源泉。

引领潮流意味着掌握话语权，话语权必然深植于雄厚的文化软实力，英国旅游的吸引力在于以厚实的文化软实力和话语权创造文化理念，将文化理念融入旅游教育中，吸引游客的脚步和心灵。通过体育赛事传递进取精神，将体育精神融入国家精神层面，引领体育文化旅游潮流，这种潮流已经延伸到基层俱乐部细胞中。圣安德鲁斯具备发展高尔夫旅游的良好资质，作为组织过26次高尔夫公开赛的老球场，是高尔夫球迷朋友心中无限向往的地方，这里也发生过无数的传奇故事。圣安德鲁斯的高尔夫人对于继承和发扬高尔夫的传统文化具有十足的使命感，他们用各种方法来保留老球场原貌，沙坑、果岭以及整体布局几乎是最初的模样。不仅如此，他们还不断尝试开发更好的商业模式，吸引世界高尔夫爱好者的关注。600多年过去了，球杆和球技经过长时间的演变已经更先进了，但人们挑战老球场的态度以及老球场给予球员的考验还是一如从前。同样的球场布局，同样的沙坑和果岭，球场6个世纪以来一直保持超高的挑战性，几乎每一个时代的高尔夫枭雄都在这里捧起过胜利的奖杯，直到现在依然是成就高尔夫"王中之王"的考场。

图 7-5 沙滩古堡

第三节 沙滩与古堡

圣安德鲁斯曾经是苏格兰的教会首都。它的宗教传统始于6世纪，8世纪时，皮克特国王建立了一座新教堂，供奉圣安德鲁（St. Andrew），圣安德鲁被认为是皮克特人及苏格兰的守护神。圣人的遗物被带到此地，这个地方首先被称为 Mucross（野猪的岬角），然后是 Kilrymont（国王山的牢房），再后来被称为圣安德鲁斯。大约908年，苏格兰主教将他的席位从邓凯尔德转移到圣安德鲁斯。在12世纪初，圣安德鲁斯主教区被认为是王国中最重要的主教区。1472年，圣安德鲁斯教区的主教被提升为大主教。大教堂和修道院建于1127—1144年，由主教罗伯特修建。1160年，阿诺德主教开始建造一座更大的大教堂和修道院，并最终于1318年竣工。部分采用早期哥特式风格，是迄今为止苏格兰最大的教堂，内部长度为109米。在宗教改革胜利之后，大教堂和修道院被遗弃并沦为废墟。尽管如此，直到17世纪末，该镇仍然是一个相当重要的地方。在18世纪，圣安德鲁斯经历了严重的衰落，但最终通过教务长 Hugh Lyon Playfair（1840—1861年）的努力得以挽救，圣安德鲁斯逐步发展为度假和高尔夫运动圣地。

在中世纪城市的建筑物中，遗迹相对较少。除了东西山墙和部分南墙外，大教堂大部分都消失了，但修道院区的外墙几乎都被保留了下来。多米尼加教堂的北横断面（1525年）和城堡的大部分仍然屹立不倒。圣三一教堂在1799年进行了相当大的改造后，在1900年代初期得到了很好的修复，是苏格兰最令人印象深刻的教堂之一。该镇以其宽阔、漂亮的街道和16世纪、17世纪的住宅建筑而闻名，其中许多都受到当地保护信托机构的保护。

小镇上主要就是三条街道：南街（South Street）、北街（North Street）和集市街（Market Street），其中集市街居中，算是主道。而连接这三条主要街道的就是一些石板路的小巷子，两边林立着一些小店。

圣安德鲁斯有两个海滩，一个是东沙滩，另一个是西沙滩，其中西沙滩的景致最迷人。当夕阳的余晖落在沙滩上，海边的小屋、海水、海鸥和人们一起构成这里最美丽的景色。西沙滩绵延长达3公里，从圣安德鲁斯市中心步行约15分钟便可到达，这里的沙质细腻、柔软，附近的海面宽阔、蔚蓝，偶尔会看到海鸟们在沙滩附近散步、觅食。西沙滩附近分布着许多的停车场，有很多便民基础设施，人们可以在这里漫步、奔跑，或者在浅海区域游泳，抑或躺在沙滩上享受阳光和海风。2012年伦敦奥运会开幕式上憨豆先生在沙滩上奔跑的场景正是此地。圣安德鲁斯还作为电影《烈火战车》（Chariots of Fire）的取景地而名声大噪。圣安德鲁斯城堡临海，其所在的沙滩自然被称为城堡沙滩。圣安德鲁斯城堡始建于12世纪末，在多次战役中被毁，后来又反复经历重修，现在只剩下了遗迹。不过这里仍然是圣安德鲁斯著名的旅游点。

圣安德鲁斯大学是小城一道靓丽的风景线，该校建立于1410—1413年，是苏格兰第一所大学，也是英语世界中继牛津大学与剑桥大学后，历史最为悠久的高等学府。圣安德鲁斯大学在2019《泰晤士报》高校教学质量排名中位列欧洲前五，由于其学生人数不多，使得学校保持着黄金师生比例。虽然学校主要专注于本科教育，但其有着600年历史的创校三大学科：哲学（世界排名第6位），古典学（世界排名第11位）与神学（世界排名第17位）的研究在国际上保持着超然地位。圣安德鲁斯大学历史悠久，知名校友众多，其中共诞生过6位诺贝尔奖得主，还有美国开国元勋、《独立宣言》的签署者詹姆斯·威尔逊、约翰·威瑟斯庞，英国国王詹姆斯二世，法国政治家马拉，免疫学之父爱德华·詹纳，康沃尔公爵威廉王子及其夫人凯特王妃等。

学校创立初期，主授神学与人文学科的圣约翰学院于1418年由蒙特罗斯·罗伯特和林多尔斯·劳伦斯所设立；圣萨尔瓦托学院于1450年由主教詹姆斯·肯尼迪所设立；圣伦纳德学院则在1511年由大主教亚历山大·斯图尔特所设立。1538年，圣约翰学院更名为圣玛丽学院，其目的是鼓励传统的天主教教义研究从而反对新教的兴起。在1560年之后，苏格兰议会取消了罗马教皇的权威和管辖权，圣玛丽学院则成了一所培养新教人员的教学机构。许多那时遗留的建筑仍在使用，如圣萨尔瓦托教堂、圣伦纳德学院礼拜堂和圣玛丽学院的庭院。作为古老大学的权威象征，圣安德鲁斯大学还拥有三根可追溯至15世纪的具有浓郁中世纪色彩的权杖，它们往往出现在一些特定的庄严场合，如学生的毕业典礼，而它们也是无数曾毕业于此的学子的情感纽带，因为一代代的毕业生都曾在它们面前静默伫立，在典礼上完成自己的人生转变。

17世纪至18世纪，圣安德鲁斯大学曾深受民间和宗教动乱所害，影响了正常的教学秩序。逐年下降的学生人数，不堪重负的财政压力使得圣萨尔瓦托学院和圣伦纳德学院于1747年6月24日合二为一，成为新的联合学院。圣萨尔瓦托学院的原址成为联合学院的新址，而圣伦纳德学院则作为主授课建筑一直使用到1757年北大道的联合学院落成。18世纪70年代，圣伦纳德学院大部分原有的建筑被拆除，只有礼拜堂一直存续。在此期间，圣安德鲁斯大学仍然处在举步

图7-6　城堡遗址

图7-7　西沙滩

维艰的发展困境当中,当塞缪尔·约翰逊于1773年访问学校时,曾感慨学校已经在慢慢腐朽乃至挣扎着生存(pining in decay and struggling for life),苏格兰在此期间因为国力的衰弱导致对学校的财政支持越来越少,学校日常开支更是难以为继。19世纪下半叶,圣安德鲁斯大学作为新思潮的先驱对女性开放了高等教育。1876年,大学评议会在LLA(Lady Literate in Arts)的条件下决定女性有权利获得来自大学的高等教育机会。1892年4月2日,大学评议会正式接纳女性学生成为学校的一员。20位女性在1892—1893学年注册成为圣安德鲁斯大学的学生。女性学生的录取直接促使学校成为苏格兰第一所专门为女学生提供住宿服务的学校。为了顺应现代化的发展和增加在校学生人数,减轻财政负担,1897年,在许多高等教育界人士的推动下,邓迪大学的部分学科被圣安德鲁斯大学所合并。

20世纪初期,圣安德鲁斯大学在传统高等教育基础上提供的古典语言、神学和哲学研究课程大受好评,同时,随着时代的进步,学校也顺应潮流开始提供理工科、医药学等在英国其他大学广受欢迎的课程。自15世纪斯图尔特王朝与学校紧密联系以来,此时学校和王室的关系也更加密切,约克公爵夫人,即已故英国女王伊丽莎白二世的母亲曾多次到访学校,1953年邓迪学院重建时,皇后学院便是以她的名字命名。一个有趣的事实是约克公爵夫人在1929年获得法学荣誉博士学位时所在的雅戈尔礼堂正是她的重外孙威廉王子在75年后获得硕士学位的地方。在众多王室成员的见证下,圣安德鲁斯大学与王室的渊源更显悠长。圣安德鲁斯大学的复苏出现在20世纪的下半叶,它成为越来越多的苏格兰上流社会为子女挑选接受高等教育的理想之地,此后学校的入学人数剧增,且这样的盛况一直持续。尽管如此,圣安德鲁斯大学的发展之路仍然充满坎坷,1967年邓迪学院独立,这使得学校在法律、会计学、牙医学等学科方面出现缺失。而1972年圣伦纳德学院重组为研究生院又为这所古老而历经风雨的学府注入了新的活力。

600年风雨,使得圣安德鲁斯大学可以骄傲地称为"苏格兰的第一所大学",15世纪建校,用将近6个世纪的时间建立起良好的学术声誉,并成了英国乃至欧洲、北美都享有盛名的富有特色的教学与科研机构之一。圣安德鲁斯人口不多,大学与小城融为一体,相互映衬,风景格外秀丽。

图7-8 小镇餐馆

第四节 体育小镇的兴起

当前各国尚未有统一规定和划分小城镇的标准。但总体来讲，国外小镇通常空间面积不大，人口较少。按照各国约定俗成的准则，在英国有3000个2.5万人口以下小城镇。在法国50%以上的人口居住在众多的小城市中，全法人口密度约120人/平方公里。美国10万人以下的小城镇居多，大约占城市总数的99.3%。而德国小镇平均面积约5平方公里。国外体育特色小镇也基本遵循这一袖珍型特色——面积通常较小，不大于10平方公里，人口多至6万人，一般以3万～5万人为主的体育产业集聚区。

依照体育特色小镇所依赖的资源类型和空间布局，当前国外体育小镇主要分为资源依托型体育小镇、城市依托型体育小镇和总部集聚型体育小镇三大类型。区域比较优势理论认为区域间自然资源、遗产资源、区域空间位置等比较优势差异是不同区域资源配置效益存在差异的重要原因。体育与自然环境结合紧密，对自然资源依赖程度高，因此自然资源的空间分布及其组合对世界知名体育小镇的形成极为关键。城市化理论认为城市化是部门和地区经济发展、工业聚集、人口集中的必然结果。城市化必然带来工业生产、人口、资本与技术的高度集中。过度的城市化带来的人口过密、交通拥挤、环境污染等问题，进而导致中上阶层人口移居市郊，出现郊区城市化，从而诞生业态各异的特色小镇，以缓解大城市的各种压力。城市依托型体育小镇的活动一般集中在距离城市中心区150～200公里以内的范围。从时间维度看，这些区域到市中心的车程一般在2～3小时以内。很多单一运动项目小镇在这种城市化的过程中不断积累与创新并最终成型。集聚理论认为影响产业集中的因素除区位外，还有集聚因素。当若干个企业集聚在某一区域不仅能带来企业自身更多收益或成本的节约，还能有效促进这一区域市政设施的增加和改善，国外许多小镇是世界著名企业的总部所在地。循环积累因果理论则认为一旦某业态在某地区深入扎根，就会吸引资金和企业来开发地方产品和服务业，产生乘数效应从而加速工业在空间上的累积过程。尽管体育小镇类型各异，且遵循的理论路径各异，但从实践来看这些成功的体育特色小镇有着相似的孵化路径———以优势资源和条件为导向，围绕核心优势建立发展模式，逐步发展形成体育特色明显的小镇空间形态。

总体来看，体育特色小镇的发展有以下基本规律：从经济基础和市场需求来说，群众性体育运动是人们满足了温饱、实现了小康、走向富裕时产生的更高需求，为了让身体更健康、更健美，追寻运动体验中的刺激和快乐。欧美发达国家的人们普遍热爱运动，世界知名运动休闲度假小镇基本都在发达国家，鲜见在贫穷落后之地能搞体育度假的。从区位条件来看，体育旅游为主的小镇一般都背靠著名风景区，而体育配套产业有的会集聚在客源地，有的会集中在相关人才传统聚集地。体育特色小镇的形成，往往会受到历史、地理、人才、相关产业等多种因素的综合影响。从小镇打造上来看，由于体育度假和户外运动需求人群的偏高端属性，体育特色小镇一般设施完善、格调较高，山地户外、水上运动、冰雪运动和高尔夫运动等占整个运动休闲市场的80%左右。且运动设施比一般旅游配套设施投入更大，也更加专业，对相关教练和维护服务人才的要求很高。这就需要整个产业的聚集和产业生态链的形成，这些都对整体项目的打造提出了更高的要求。如果不是像国外小镇那样经过几十年甚至上百年的自然积累，全新打造一个小镇的话，会是个相当复杂的系统工程。从赛事特色方面看，体育特色小镇往往会有一项或几项重量级赛事（甚至是世界级赛事），借助赛事来打造体育特色旅游品牌，发展优势项目的同时融合其他运动，一年四季皆有特色体育运动产品，不断延伸体育旅游产业链。从产业方面来看，体育产业在发达国家已是一个庞大的产业，经济贡献甚至超过工业。一些以体育相关产业为核心的小镇、小城利用当地独有优势，通过产业链间的联系和便捷的交通网络构成一个"大分散、小集中"的布局，在部分体育细分产业形成集聚效应，推动小镇特色化发展，同时对整个区域经济会起到很大的拉动作用。

体育特色小镇属于专业小镇，让体育元素与文化弥漫小镇的每个角落是体育小镇"特色"的有力表达，是区别于其他特色小镇"差异化"的关键。国外成熟体育小镇的案例经验表明：一要在运动服务环节围绕某运动项目或项目群提供个性化、专业化、娱乐化、科学化和安全性的体育消费服务。要在运动服务的衍生环节，尤其是吃、住、行、娱、学等环节继续提供体育类主题酒店、餐吧和书店，要围绕整个"消费链"让体育特色牢牢占领游客心智。二要让体育与小镇节庆民俗会展等活动，交织在一起，旺季取利，淡季取势，避免体育运动的季节性特征对游客心理带来负面冲击。要在小镇建筑、道路和风貌设计等环节融入体育符号和元素，增强游客感官体验，要从整个"时空链"营造浓郁的体育文化氛围，强化游客记忆的持久性。三要充分利用体育平台的经济效应，引入康养、婚庆等关联产业，构建泛户外娱乐"产业圈"，满足游客多样化需求。

体育对资源的依附性很强，体育小镇的建设依赖自然生态环境、人文环境和居住环境的质量。生态、空气、水等自然环境是体育小镇赖以发展的生态基础。因此要在步道、户外场地等体育设施的建设和运动项目设置上加强环评，注意生态环境承受能力，避免过多人工设施、控制游客数量、限定运动时空范围，甚至某些食材的携带等，尽可能地减少体育运动的快速发展给当地生态带来的不利影响，紧控生态环境保护的底线。宜居环境与人文环境相辅相成，承载小镇的人文精神和价值内涵。健康向上的人文环境和宜居环境能为游客提供舒适的游览环境，增强小镇的亲和力和安全感，提高游客的归属感和重返意愿，是提升体育小镇吸引力的必备"软件"。

体育特色小镇属于专业小镇，资源依赖极强，因此国外体育特色小镇的选址要么集中在城市的周边，快速导入体育人口，成为城市的卫星城；要么在远离中心城市的山区腹地，山地资源、河海资源、历史人文较为富集，环境承载力强。体育小镇建设要有效利用所依托的资源，选定运动项目，瞄准合适的运动人群，在资源富集的1~2平方公里的区域范围内，单点突破，以点带面，开展规模化

图7-9　圣安德鲁斯街边咖啡馆

体育服务，快速形成体育规模效应和带动效应，然后利用周边资源，不断拓展体育业态，从而形成强大的体育范围效应和关联效应。要注重小镇经济基础，丰盛的物产，雄厚的经济基础，完善的配套设施，能为体育特色小镇建设提供相应的物质保障。

文化是体育小镇独一无二的印记，更是体育小镇的精髓和灵魂。体育小镇的魅力在于通过体育博物馆、体育人物雕塑、体育场所遗迹等有形与无形体育文化进行积淀与传承。一个小镇若没有了体育文化，即使有繁荣的户外运动，总归还是肤浅的。新兴的、后起的体育小镇可以"跨越"户外运动繁荣发展阶段，但无法"跨越"小镇体育人文精神的培育和塑造。丰富的文化底蕴、独特的文化魅力则更能赢得世界范围内体育爱好者的青睐与向往，才更能增强体育小镇的认同感。

当前"特色小镇"已成为破解城乡二元结构的"密钥"。体育产业蕴含着巨大的产业机遇和经济价值。根据《经济学人》2016年1月21日发布的中国体育产业专题报告——《中国开赛——崛起中的中国体育健身产业》，2016年中国的体育健身市场规模接近1.5万亿人民币（约2170亿美元），其中体育产品和装备的消费占了近2/3。这个数字与国家体育总局和国家统计局公布的数字相近，根据官方数据，2015年中国体育产业总规模为1.7万亿人民币，增加值为5494亿人民币（约合847亿美元），占同期国内生产总值的0.8%。而2015年美国体育产业增加值约为5000亿美元，是美国汽车产业产值的2倍、影视产业产值的7倍，占GDP的3%以上。另外中国体育用品消费比例远高于发达国家，中国目前还处于发展体育的初期阶段，未来市场总量的提升空间非常大，且购买体育用品属于基础需求，新冠病毒感染疫情暴发之后，大众对健康更加重视，对体育的消费和需求更加旺盛，未来对于赛事、康养、体育旅游产品和服务的市场需求也会越来越大。在国家力促体育产业发展的背景下，体育小镇理应成为国家特色小镇的重要组成部分。体育特色小镇是中国新型城镇化建设在体育产业领域的摸索，是绿色、生态、环保的朝阳产业，具有促进体育产业的协调性发展、促进健康中国2030战略实施、促进乡村振兴背景下城镇的转型升级、促进多产业的融合发展、促进中国民族传统体育文化传承与发扬的重要意义。

爱丁堡城

第八章
文学之都——爱丁堡

爱丁堡，盖尔语 Dun Eideann，是苏格兰首府，位于苏格兰东南部，其中心靠近福斯湾南岸，北爱尔兰海的一侧向西伸入苏格兰低地。城市及其周边地区构成一个独立的议会区域，面积264平方公里。爱丁堡一直是军事要塞和知识活动中心。虽然屡经沧桑，但这座城市始终焕发活力。今天的爱丁堡不仅是苏格兰议会和苏格兰行政机构的所在地，还是金融、法律、旅游、教育和文化事务的主要中心。爱丁堡是一个立体的，并极具对比性的城市——在新与旧之间、富庶与饥馑之间、广厦与乡野间铺陈开来的城市。本章主要分析爱丁堡以"有机更新"为导向的新城老城和谐共生的做法，探讨爱丁堡如何由单一遗产旅游目的地、高季节性旅游城市转型升级为全年、全域、全球旅游目的地的世界典范。

图8-1　爱丁堡

图8-2 爱丁堡城墙

第一节 文学与艺术之城

爱丁堡的名称来源于公元6世纪中叶不列颠人的国王克利农·爱丁,意思是爱丁的城堡。爱丁堡自15世纪开始就成为苏格兰的首都,这里有古堡雄踞,有王宫屹立,市区建筑古色古香,典雅宏丽,使人想起欧洲的文化名城雅典,因此人们给爱丁堡以"北方雅典"的美誉。公元11世纪时,苏格兰人在古堡上扩建了宫室、教堂。后来人们在古堡以东一英里的地方建起有名的十字架修道院,两者之间出现街市,形成爱丁堡老城的核心。爱丁堡位居英格兰赴苏格兰要道,商贾云集,繁荣兴旺。15世纪时它成为苏格兰的王都,之后城市更加兴旺。1766年,由于旧城内过度拥挤,政府决定兴建一个新的城区。1767—1890年,新城有7处文化工程相继建成,由于其古老的建筑和19世纪新古典主义兴盛时期,在这里曾聚集了很多作家、评论家、出版家、教师、医生和科学家等具有世界影响的学术精英,爱丁堡随即成为欧洲学术中心。爱丁堡的经济十分发达,拥有全英最高的(高达43%)专业人才(拥有学位和专业证书的员工)比例。其员工平均总增加值在英国仅次于伦敦。爱丁堡在过去300年中一直是苏格兰的经济中心，其酿酒、银行、保险、印刷和出版业在19世纪十分发达，而现在主要依靠金融机构、科学研究、高等教育和旅游业。苏格兰皇家银行由苏格兰议会创立于1695年，总部位于爱丁堡，2009年成为劳埃德银行集团的子公司，是英国现存第二古老的银行。加上苏格兰遗孀基金（Scottish Widows plc）和标准人寿保险公司（Standard Life plc）等金融保险公司，使得爱丁堡成为英国仅次于伦敦的金融中心。2005年10月，苏格兰皇家银行在爱丁堡郊区开设了一家新的全球总部。此外，乐购银行、维珍理财的总部也在爱丁堡。作为爱丁堡的支柱产业，旅游业对该市的经济发展也起着不可忽视的作用。因为有着爱丁堡城堡、荷里路德宫等诸多名胜。1995年，根据文化遗产遴选依据标准（ⅱ）（ⅳ），爱丁堡的新城、老城被联合国教科文组织世界遗产委员会批准作为文化遗产列入《世界遗产名录》。2004年，爱丁堡成为世界第一座文学之都。

"文学之都"是联合国"创意城市网络"授予某些"创意城市"的七大主题荣誉称号（文学之都、音乐之都、电影之都、设计之都、民间艺术之都、媒体艺术之都、烹饪美食之都）之一。从《大不列颠百科全书》在此地诞生到《福尔摩斯探案集》；从《艾凡赫》到《金银岛》；从《迷》到《哈利·波特》；从诗人彭斯到古典经济学家亚当·斯密，可以说到处都是文艺瑰宝，完全不能用金钱来衡量。爱丁堡得到了联合国"文学之都"的命名，在爱丁堡向联合国教科文组织申请这一命名时是这样说的："爱丁堡是一座建立在文学上的城市。"爱丁堡拥有50家出版社，是世界出版业的中心；它还拥有一个世界级的图书节——爱丁堡国际图书节，根据初步评估，爱丁堡文学产业每年创造的经济价值约在220万英镑。

著名小说家罗伯特·路易斯·史蒂文森，1850年出生于爱丁堡，毕业于爱丁堡大学法律系，1878年和1879年，他先后发表了两本以旅行为题材的作品，从此便创作不辍。他的经典著作《金银岛》影响了全世界的儿童，他笔下的化学博士也是家喻户晓的人物。《金银岛》是以真实的历史背景为题材写的，书中的荒岛即科科斯岛，位于太平洋距哥斯达黎加海岸483公里的海中，曾是17世纪海盗的休息站。海盗们经常将掠夺的财宝在此装卸和埋藏，因此为这个并非鸟语花香、景色宜人的小岛平添了许多神秘色彩。据说岛上至少埋有六处宝藏。

1820年，利马市仍然是西班牙的殖民地，当被称为"解放者"的秘鲁民族英雄玻利瓦尔所率领的革命军即将进攻利马时，利马的西班牙总督仓皇出逃，同时将他多年搜刮的财宝，包括黄金烛台、金盘、真人般大小的圣母黄金铸像等，装上一艘"玛丽·迪尔"号的帆船逃走。不料，到了海上，船长见财起意，杀死了西班牙总督，为了安全起见，船长将财宝藏进了可可岛上的一个神秘的洞穴内。在以后的日子里，他却一直没有找到适当机会重返可可岛取走宝藏，直至1844年，船长离开人世，留下了一张难辨真伪的藏宝图。史蒂文森以此为背景写出《金银岛》一书。

1816年雪莱夫人在爱丁堡写下的世界上第一部科幻小说《弗兰肯斯坦》（科学怪人）是以爱丁堡的街道作为背景。玛丽·雪莱生于1797年8月30日，出生地为英国伦敦附近的萨姆斯镇。她的母亲玛丽·沃尔斯通克拉福特（1759—1797年）是著名的女权主义者，《女权辩护》（1792年）的作者，父亲威廉·葛德文（1756—1836年）是无政府主义哲学家，《政治正义论》（1793年）的作者。大约在16岁的时候，玛丽和她未来的丈夫珀西·雪莱相识。她于1818年创作了《弗兰肯斯坦》，引发了当时社会舆论，特别是科学界的广泛争论。这部小说后来经过多次改编，以多种艺术形式表现，并搬上银幕，成为科幻题材电影最早的蓝本之一。《弗兰肯斯坦》除科幻色彩外，这部作品中既有浪漫气氛，又有深切的人文关怀。对于一个20岁的作者来说，这是一个非凡的成就。这部作品立即取得了广泛的成功，并为玛丽赢得了极大的声誉。玛丽另一项贡献就是为亡夫编印遗作。雪莱死后留下不少尚未发表的作品，那首500多行的未完成长诗《生之凯旋》就是一例。1824年，她

图8-3　大教堂

出版了《雪莱诗遗作》，1839年又发行一套《雪莱诗集》。

爱丁堡作家柯南·道尔的《福尔摩斯侦探记》是侦探界的经典著作。阿瑟·柯南·道尔（Arthur Conan Doyle，1859—1930年），生于苏格兰爱丁堡，因塑造了成功的侦探人物——夏洛克·福尔摩斯而成为侦探小说历史上最有影响力的作家。柯南·道尔一共写了4篇长篇、56篇短篇的福尔摩斯系列小说。最早先的两篇分别是1887年毕顿圣诞年刊（Beeton's Christmas Annual）的《血字的研究》，以及1890年理本科特月刊（Lippincott's Monthly Magazine）登出的《四签名》。1891年开始在斯特兰德杂志（The Strand Magazine）上的一系列短篇小说连载，使福尔摩斯的受欢迎程度爆炸性的地提升。其间曾经中断连载，直到1927年，柯南·道尔才再写出续集。故事的发生年代大约集中在1875—1907年，最后一桩案件发生在1914年。19世纪末英国在南非的布尔战争遭到了全世界的谴责，柯南·道尔为此写了一本名为《在南非的战争：起源与行为》（The War in South Africa: Its Cause and Conduct）的小册子，为英国辩护。这本书被翻译成多种文字发行，有很大影响，这本书使他在1902年被封为爵士。20世纪初柯南·道尔两次参选国会议员，虽然最终没能当选。

乔安妮·凯瑟琳·罗琳（J. K. Rowling）以爱丁堡城堡为原形创作了世界上最为畅销的魔幻小说《哈利·波特》，创造了一个由靠救济金生活的单亲妈妈逆袭为全球顶级富豪的神话。罗琳于1965年7月31日出生于英国格温特郡，毕业于英国埃克塞特大学。1997年6月，推出哈利·波特系列第一本《哈利·波特与魔法石》。随后，罗琳又分别于1998年与1999年创作了《哈利·波特与密室》和《哈利·波特与阿兹卡班的囚徒》。2001年，美国华纳兄弟电影公司决定将小说的第一部《哈利·波特与魔法石》搬上银幕。2003年6月，她再创作出第五部作品《哈利·波特与凤凰社》。2004年，罗琳荣登《福布斯》富人排行榜，她的身价达到10亿美元。2005年7月推出了第六部《哈利·波特与混血王子》，2007年7月推出终结篇《哈利·波特与死亡圣器》。截至2008年，哈利·波特系列7本小说被翻译成67种文字在全球发行4亿册。2010年，哈利·波特电影系列的完结篇《哈利·波特与死亡圣器》拍摄完成。2014年12月，罗琳更新了哈利·波特系列相关的小故事。2017年6月12日，美国《福布斯》公布了

2017年度全球百位名人榜，罗琳排名第三位。2017年12月12日，罗琳被英国皇室授予"荣誉勋爵"（Companion of Honor）。2020年3月16日，罗琳以75亿元财富位列《2020胡润全球白手起家女富豪榜》第87位。

罗伯特·彭斯（1759—1796年）是苏格兰著名的民族诗人，也是英国浪漫主义诗歌史上的先驱性人物。作为苏格兰本土农民诗人，虽未接受过系统的正规教育，但他却以天才般的灵感与独特的视角创作出了无数经典的诗篇，因此被誉为"有天赋的农夫"（Heaven-Taught Ploughman），彭斯热爱苏格兰的土地和人民，向往自由民主的生活。他通过巧妙的诗歌语言，把对故土独有的热忱与温情付诸笔端，创作出了大量优秀爱国怀乡诗。与华兹华斯和柯勒律治田园牧歌式的书写不同，也与拜伦笔下澎湃汹涌的大海有异，彭斯诗歌中的自然书写带着对苏格兰家乡的歌颂和赞美，充满了对回归淳朴的向往和浓烈的苏格兰民族自豪感。彭斯对流经家乡埃尔郡的阿富顿河和杜河的深情书写，充满了苏格兰风情和他对故乡风土的牵挂和怀念。彭斯诗歌中的民谣传统是苏格兰文化的基因和记忆所在，也是苏格兰文化为学界所认可的重要载体。在18世纪以来民族思想发展的背景下，彭斯继承并丰富了苏格兰方言文学运动之父艾伦·兰姆绥（Allan Ramsay，1686—1785年）等所代表的苏格兰民谣传统，汲取民间文艺的精华，"为英国的浪漫主义做出了贡献，因为民歌的复兴正是这个新的文学潮流的特点之一"。彭斯的诗歌创作通过民谣风格强化了对苏格兰的认同意识和归属感。彭斯诗歌中的民谣传统连接了历史与现在、作者与歌者、方言与英语，将苏格兰的文化记忆深深印刻在诗歌当中，也将苏格兰的民族身份深深印刻在每位苏格兰人心中。同时，彭斯诗歌本身的音乐性脱胎于民谣的旋律，一定程度上是苏格兰文化记忆外化的产物，在传承文化记忆和民族记忆方面发挥了不可替代的作用。

随着全球化与城市化加剧，文化形象在城市发展中逐渐占据重要地位。近年来，许多城市通过联合国教科文组织（以下简称"UNESCO"）"创意城市网络"（Creative Cities Network）颁发的"创意城市"殊荣来强化自身文化形象。"文学之都"为UNESCO官方认定的七个创意城市类型之一，具体指以自身文学创造力来推动城市文化、经济与社会发展的城市。2004—2019年，全世界共有爱丁堡、墨尔本、爱荷华城等39座城市被授予"文学之都"称号。文学对城市的文化自信发展具有重要作用,"文学之都"称号的授予在某些程度上是对该城市文化发展的认可与鼓励。作为首个被授予"文学之都"称号且具备均衡发展场域中各类资源与资本的城市,爱丁堡具有极大的研究价值。

爱丁堡在经济资本层面的优势可以说是先天与后天共同作用所形成的。就地理位置而言,爱丁堡靠近北海油田,在贸易与自然资源获取方面得天独厚,其经济因此得到长足发展。就历史而言,爱丁堡自15世纪起就成为独立的苏格兰首府,当时国家的政治和经济中心,在发展方面处于优先地位;也曾经作为国家面向欧洲的商贸港口,经历过第一次工业革命,城市生产力得到解放,现代化进程加快,发展速度较其他的城市更快。漫长的原始资本积累,是爱丁堡经济资本雄厚的重要因素。现在的爱丁堡经济发展以金融业为主,是除伦敦以外英国最大的金融中心,依靠强大的经济资本,城市场域内的相关文学产业行为者与组织创作者和出版商也能够有实力进行更多文学项目的创新与研究。从上述条件可以看出,历史与现代的双重经济资本积淀为爱丁堡成为"文学之都"打下了重要基础。文化资本层面,爱丁堡的教育设施起步早、内容充分、发展先进。18世纪时的苏格兰人识字率达到75%,爱丁堡因此被誉为"天才的温床"。截至2012年,这座城市内的学生人数占据全市总人口的20%,同时有18所托儿所、94所小学和23所中学以及许多世界著名的大学,其中包括世界顶尖公立综合性研究型大学爱丁堡大学、历史悠久的研究性大学赫瑞瓦特大学、苏格兰最优秀的现代大学爱丁堡龙比亚大学及多所教育学院等。以爱丁堡大学为例,其拥有该城市中规模最大、研究领域最广的艺术、人文与社会科学学院,培养了如哲学家亚当·福格森、作家托马斯·卡莱尔

图8-4 大象咖啡馆

等对世界文化发展产生影响的人才。以个性、文学与创新为出发点培养高素质人才，对城市的文化产业与精神文化氛围建设起到了正面作用。综上可以看出，为各阶段人口提供的高质量教育资源是爱丁堡成为"文学之都"的文化基础。从社会资本角度而言，爱丁堡文学产业发达，拥有50余家出版社，是世界出版业的中心，这些产业成为巩固城市文化基础的重要因素，且其在文学领域的关系网包括出版社、书店、图书馆、阅读组织、作家联盟与读者等，上述群体将彼此的发展作为参照，互相影响并相互促进。如爱丁堡大学出版社从19世纪的不景气到成为完全独立的商业性出版社，书籍年出版量上百部，带动大量作家与学者的知识产出速度，同时对书店、图书馆的营业展示有正面影响，而读者会对最终的文学作品做出反馈，这种反馈会以营业额与利润收入的形式重新回馈给出版社，达到信息互通与交流的结果。在此期间任何一方的风向与偏好变化都有影响其他环节的可能性：环节越多，之间的信息交流就越复杂。此种文化环境氛围能促使城市出版业态的多元化，进而令城市文学环境在稳定中继续寻求发展，为建设"文学之都"打下文化与社会资源交流基础。爱丁堡的文化资本自始至终都处于世界前列。首先，文学底蕴深厚，从罗伯特·彭斯到亚当·斯密，从《艾凡赫》《福尔摩斯探案全集》《金银岛》到《哈利·波特》，这座城市拥有的世界级作家、学者与名著的数量非常可观；其次，文学的兴盛强化了对该座城市文化圣地的形象塑造，如贝克街附近的福尔摩斯雕像、维多利亚街附近的忠犬波比纪念碑，以及如"Elephant House""Teviot酒吧""乔治·赫里奥特中学"等为罗琳创作提供灵感的地方，都成为世界人民耳熟能详的著名文学景点，带动旅游产业与文化产业的发展，令城市的文化环境氛围更加浓厚；再次，文化影响力大，世界级图书节、世界范围内最大的艺术节等国际节日都在爱丁堡举办，充分展现出环境文化气氛的浓厚，成为这座城市当选"文学之都"的因素之一。以上三点体现出爱丁堡对文学与艺术的重视，长期的积累与举措令其在国际上获得了良好的"文艺"地位与声望，为其成为世界上第一个"文学之都"奠定了形象基础。爱丁堡文学产业每年经济价值在220万英镑左右，经济资本雄厚，得以拥有资金建立高质量的大学培育高素质人才；而大量的高素质人才与良好的文学氛围能够令知识交流更加活络；便捷的交流与良好的氛围是留住人才与产出作品的绝佳因素；爱丁堡因此在19世纪以来培养接纳了许多对世界有极大影响力的学者与作者，他们产出的优秀作品又足以为该国经济带来增益；这些资本彼此影响，令爱丁堡成功打造了以文化为基础的优美城市，成为不断进步的"文学之都"。

2019年10月31日是"世界城市日"，联合国教科文组织批准南京入选"文学之都"，成为中国第一个也是目前唯一一个获此殊荣的城市。南京入选文学之都当之无愧。作为中国四大古都之一，南至绵延近两千年的文学脉络，有着深厚的文学历史积淀。中国第一个"文学馆"、第一部诗歌理论和批评专著《诗品》、第一部系统的文学理论和批评专著《文心雕龙》、第一部儿童启蒙读物《千字文》、现存最早的诗文总集《昭明文选》等都诞生于南京。中国文学史上有一万多部文学作品与南京相关。《红楼梦》《本草纲目》《永乐大典》《儒林外史》等中华传世之作都与南京密不可分。近现代以来，鲁迅、巴金、朱自清、俞平伯、张恨水、张爱玲等文坛巨匠也都与南京有着千丝万缕的联系，美国作家赛珍珠获得诺贝尔文学奖的代表作《大地》就是在南京创作完成的。"南京作家群"是当代中国文坛第一个以城市命名的文学创作群体。中国作为有5000年历史底蕴的文化大国，改革开放后对城市的文化发展要求也从未松懈。二十大报告中指出，"推进文化自信自强，铸就社会主义文化新辉煌"，在新的历史方位上为文化强国建设指明前进方向，为国内城市建设"文学之都"提供了政策基础。文学是现代生活中的写照，对城市的社会文化发展、原创能力与形象树立具有关键作用。以文学视角审视社会公共建设、环境创造与现代日常生活推进等城市发展方略的重要内容，能够跳出一成不变的旧式发展轨迹，给城市的持续创新发展注入新的活力。研究获得"文学之都"称号城市的文学发展进程与发展方式，能够提升城市的文化深度与创造力，也能对近年来发展速度逐渐放缓的城市出版业起到促进作用。

图8-5　街头建筑

第二节　舌尖上的想象力

提到苏格兰，不能不提威士忌，在爱丁堡"皇家一英里"最西端有一家威士忌体验中心，有全世界收藏最多的威士忌酒窖，可以品尝各种威士忌，乘坐橡木桶参观威士忌酿造过程（多媒体展示）。Whisky（威士忌）一词源于盖尔语（Gaelic）中的"Uisge Beatha"或"Usquebaugh"，意为"生命之水"。而苏格兰"生命之水"的故事早在15世纪就存在了，关于苏格兰威士忌的文件记载最早出现在1494年，《苏格兰国库卷轴》(Exchequer Rolls of Scotland，苏格兰财务部1326—1708年的记录）中有这样一条记载："约翰·科尔修士（Friar John Cor）的8博尔（Boll，苏格兰、英格兰的容量单位）麦芽，用来酿制'生命之水（Aqua Vitae）'。"经换算，这些麦芽足够出产1500瓶威士忌。1785年，苏格兰吟游诗人兼税收官罗伯特·彭斯（Robert Burns）写了一首名为《威士忌之歌》(Scotch Drink）的诗，歌颂了威士忌与幸福、社会、合作、温暖以及友好的本质之间的关系，表达了威士忌在苏格兰人心目中至关重要的地位。

同法国葡萄酒一样，苏格兰威士忌也有法律明文规定的产区，但二者又有区别：苏威的产区划分主要是基于地理位置，而不刻意强调风土。2009苏格兰威士忌法规（The Scotch Whisky Regulations 2009）规定了五大产区：斯佩赛（Speyside）、高地（Highland）、低地（Lowland）、坎贝尔镇（Campbeltown）、艾雷岛（Islay）。很多文献中会提到第六个产区"岛屿区"，但这个区并没有明文规定，定义非常模糊，由于其余五个区把苏格兰划分后，还有一些零星散布的岛屿与酒厂，因此就有了Island这个名词。

斯佩赛是很多威士忌爱好者最熟悉的一个产区，该产区所产威士忌口感轻柔，风味以花果为主，接受度高。酒厂众多且不乏知名者，比如麦卡伦、格兰菲迪等，价格区间跨度大，消费者可选面广。20世纪斯佩赛的威士忌一直以泥煤出名，因为斯佩赛蕴含大量的泥煤，酒厂就地取材，拿来烘干大麦芽。后来铁路运输发展起来以后，焦炭逐渐被引入，由此斯佩赛开始兴起去泥煤化运动，威士忌风格也开始趋于轻柔花果香。坎贝尔镇曾被誉为世界威士忌中心，不过，坎贝尔镇酒业式微，如今只剩下为数不多的几间酒厂，坎贝尔镇三面临海，其威士忌口味略为辛辣。高地酒厂众多（苏格兰过半酒厂都在高地），因此高地的风格相对比较复杂，无法单纯用几个标签来概括。高地有众多宝藏酒厂，既有清新淡雅的格兰杰，也有浓郁醇厚的老福特尼酒厂。低地同坎贝尔镇一样，酒厂不多，目前仍运营的有格兰昆奇（Glenkinchie）、欧肯特轩（Auchentoshan）、磐火（Bladnoch）和达夫特米尔（Daftmill）。艾雷岛是威士忌爱好者心目中的圣地，艾雷岛所产酒的风味之所以特殊，尤为重要的一点就是因为泥煤，岛上随处可见的泥煤是成就威士忌独特风味的关键。

在潮湿环境中生长的泥炭藓，在隔绝空气的条件下缓慢分解炭化，最后形成泥煤，泥煤烘干麦芽所致的烟熏泥煤味，极大程度保留了威士忌泥煤风味的强烈风格。当发芽大麦经过泥煤烟熏烘烤后，会吸附"酚类化合物"，酚值（计算单位：PPM，百万分之一）的高低将呈现出泥煤烘烤的程度，所以麦芽的酚值越高，威士忌的泥煤含量与烟熏口感就越高。苏格兰威士忌研究所的高级科学家巴里·哈里森（Barry Harrison）博士在2009年的一项研究中，收集了从苏格兰不同地区、不同深度提取的泥煤，并鉴定了采样中出现的化合物。在检测到的106种化合物中，有46种是酚类化合物。各种泥煤中含有不同数量的化合物，哈里森指出："泥煤中酚类化合物的含量不同，每种化合物的味道阈值也可能相差很大，即使是最敏感的鼻子和味觉也很难识别单个酚类化合物。"由于样品中含有不同数量的酚类化合物，因此从逻辑上讲，来自不同地区的泥煤会带有不同的味道。泥煤的来源固然是影响香气和风味的一个因素，但生产威士忌的方法也有很大的不同，并决定了哪些酚类物质会在酒杯中得以呈现。这要从泥煤的具体烧制说起，每个制麦师都需处理水分含量不同的泥煤，而且还需计算不同水分含量的泥煤的烧制方式。这一工序后，通过麦芽来测试酚含量。高效液相色谱法（HPLC）被认为是测量威士忌中酚含量的最可靠的方法，随后将未发芽的大麦与泥煤麦混合，以达到所需的酚值。从大麦的研磨开始，苯酚在整个威士忌酿造过程中会不断流失。泥煤中的酚会吸附在烟熏后的大麦壳上。酚类物质也会在捣碎和发酵过程中流失。一些残渣被遗弃，而另一些则随着水、大麦和酵母的结合而丢失或转化，形成新的化合物。每个酒厂决定的蒸馏过程和切割点也起着重要作用。较重的化合物，包括苯酚，主要出现在蒸馏过程的最后，在酒被提取出来时，酒心流动得越长，重酚类物质就越多地融入新酿的酒中，从而成为威士忌。其实除了酚值以外，还有其他许多因素影响着威士忌的口感，泥煤含量也只不过是一个参考值。最终成就威士忌独特品味的，还有其中复杂的文化因素。

饮食的品味（taste）是经由身体的感官与心理过程共同作用而成，它不仅是口感、嗅觉、听觉、触觉与观感的体验，更是一种文化现象与实践。或许因为饮食太过世俗与平常，长期以来，饮食的文化意义都被学者们忽视，直到过去20年间，社会学与人类学才开始关注食物品味中的文化情境与社会结构要素。如今，饮食的品味研究已经同特定社会情境中人们的记忆、情绪、感情等心理要素联系在一起。同样，想象作为人类重要的思维活动，能够经由品味所唤起并与之相互作用。想象作为一种文化意识，是对应于物质需要的某种幻想或期望。同时，想象也是一种文化模式并且是能被最大限度分享的认知图示（Cognitive Schemas）。由此，想象能够作为一种社会性综合机制通过影响个体想象来进行群体意义的制造与世界观形塑。具体到饮食研究领域，饮食被认为是历史、地理与文化要素的综合体进而成为"想象共同体"的重要参与者与缔造者，通过把商品贴上"本土的"或"舶来的"之标签,促使饮食的消费文化成了民族性与社会性的概念表达,再运用到制度性的实践场所之中。在苏格兰,经由威士忌品味所最先唤起的是一种融合了本土文化与民族主义情结的集体性想象。食品要成为一种奢侈的有收藏或投资价值的物品,其"陈年"或"陈韵"(Aging-Flavor)的价值,即其能够被长久储藏、且品质在储存过程中还能提高的特性必不可少。在中国,消费者最先通过普洱茶而了解与熟悉了"陈韵"这一概念。普洱茶,一种来自中国云南省的特殊茶叶品种,在过去几十年中,由于一些茶文化研究者的宣传与商家的推广"陈韵"这一概念逐渐被消费群体所熟知。自20世纪90年代开始,茶商便开始通过生茶/熟茶、自然/手工、干/湿、古茶树/新茶树等概念分类与历史叙事,构建普洱茶陈年风味的经济价值。一种"陈年等于价值"(The Aged Equaling Value)的概念促使"陈韵"在普洱茶市场上成为重要的价值象征与符号,也促使"品味"在商品市场上拥有了一种特殊的感官价值。在此,很多人愿意投资与储存威士忌,正是他们经由类似普洱茶所类比认知到的精品威士忌所同样具有的"陈韵"特质。

图8-6 皇家一英里羊毛商店

图8-7 羊毛制品

图8-8 街头风笛演奏者

罗曼湖、苏格登、格兰菲迪、麦卡伦等威士忌品牌纷纷推出强调中国元素的礼盒装产品，甚至针对特定区域在包装方面做出了一些个性化定制，来迎合不同层次消费者的需求，力图在中国市场抢占商机。罗曼湖在牛年专门邀请珐琅艺术家设计了以中国古代瑞兽"兕"为灵感的牛年生肖礼盒包装，受到了广大客户、媒体、经销商们的一致肯定，设计所蕴含的"大红大紫""天圆地方"等元素，很好地融入了中国传统文化元素。此外，大摩、格兰威特都有一些带杯子的促销礼盒，尊尼获加、格兰菲迪、麦卡伦每年固定推出春节礼盒上市。安德森在其著作《想象的共同体》中特别强调了纸张与印刷对促成集体性想象的重要作用，互不相识的人们正是依赖于对同一份印刷品的阅读来理解与塑造他们对特定事物与所处地方的认同。

尽管白酒依然是中国烈酒江湖的绝对龙头，但威士忌已展现出迅猛势头。尼尔森报告指出：2020年威士忌在中国现代商超渠道的销售额和销量比2018年同期增长了12.7%和13.9%，已经远超其他酒类，并且威士忌消费群体呈现年轻化态势。中国食品土畜进出口商会酒类进出口商分会发布的《2021年上半年进口酒类市场情况》显示，2021年1—6月，威士忌在中国市场快马加鞭，进口量1393万升，同比增长60.9%，较1—5月增幅扩大17%；进口额2.0亿美元，同比增长134.4%，较1—5月增幅扩大11%，占烈酒进口总额的20%。2020—2021年天猫洋酒销售数据显示，威士忌的销量遥遥领先于其他的洋酒品类。即使是在疫情对市场造成影响时，中国也仍然是苏格兰威士忌海外市场中最为强劲的增长区域，大量的资本和企业也正在涌入中国威士忌产业。

本不属于中国的浓烈泥煤烟熏风味，正在这片土地上飘散开来……

图8-9 爱丁堡大学

第三节 爱丁堡学派

爱丁堡不仅拥有令人心驰神往的历史文化遗产、宁静的公园和绿地，还坐落着一所历史悠久的爱丁堡大学（The University of Edinburgh），爱丁堡大学在欧洲启蒙时代就具有重要的领导地位，使爱丁堡市成为当时的启蒙运动中心之一，在四百多年的发展历史中，爱丁堡大学培养了众多对人类社会发展做出突出贡献的人物。20世纪70年代，英国爱丁堡大学兴起了以大卫·布鲁尔（David Bloor）和巴里·巴恩斯（Barry Barnes）为代表的爱丁堡学派，该学派坚决反对传统理性主义、客观主义的科学观，倡导一种相对主义的科学知识社会学（Sociology of Scientific Knowledge）。

由于默顿的开创性贡献，科学社会学成为一门独立的学科。默顿的科学社会学研究纲领因此在很长一段时期内占据着科学社会学研究的统治地位。但是，自库恩的《科学革命的结构》发表后，默顿科学社会学的理论面临诸多挑战，最终在20世纪70年代遭受到爱丁堡学派的全面解构，科学知识社会学取代了默顿的科学社会学理论，成为主导的理论。20世纪70年代，以布鲁尔和巴恩斯为核心的爱丁堡学派成为当时科学社会研究的一支引人注目的力量，他们所取得的研究成果引起了强烈的反响，这些成果主要有：《科学知识与社会学理论》（1974年）、《知识和社会意象》（1976年）、《维特根斯坦：关于知识的社会理论》（1983年）、《局外人看科学》（1985年）、《维特根斯坦：规则和制度》（1997年）、《科学知识：一种社会学的分析》（1996年）等著作和《相对主义、理性主义与知识社会学》（1982年）等论文。爱丁堡学派学者主要关注科学知识的本性问题，他们指出："科学社会学的目的是描述作为社会活动的科学研究活动，继而认识科学知识如何被蕴含在这种活动中，并且由这种活动产生出来。科学研究是科学家的集体行为；社会学家关心的是这种集体行为究竟做什么，以及他们如何做这些事情、为什么做这些事情，所有一切又将产生什么样的结果。"

爱丁堡学派认为，不论是以曼海姆为代表的知识社会学，还是以默顿为代表的科学社会学都没有对科学知识本身进行社会学分析，将科学知识的形成"黑箱"化，这是一个重大的缺陷。为此，爱丁堡学派首要的议程就是全面解构科学知识免于社会学分析的实证主义的标准科学观。布鲁尔和巴恩斯首先看到了库恩的力量，他们从社会学角度理解库恩思想，并对之进行解读，恢复蕴含其中的相对主义立场，对默顿科学社会学实现了全面的解构。在解构默顿的科学社会学的基础上，爱丁堡学派建构了科学知识社会学的"强纲领"（Strong Programs），其主要任务就是对科学知识的内容进行社会学说明。"强纲领"主张虽然在布鲁尔和巴恩斯早期的著作中以不同的形式出现过，但其系统专门的表述是在布鲁尔的《知识和社会意象》中。在该著作中，布鲁尔立足于自然主义立场，将科学知识视为一种自然现象，并认为知识社会学的任务在于建立因果关系模型，解释影响知识形成

图8-10　爱丁堡大学

和发展的各种因素。为此，布鲁尔阐明了科学知识社会学的方法论原则，提出了因果性（Causality）、公正性（Impartiality）、对称性（Symmetry）、反身性（Reflexivity）四条原则，这四条原则为"强纲领"的基本原则。为使"强纲领"在理论实践中得到贯彻，爱丁堡学派以"利益"作为解释资源，对科学知识的生产和应用及其与行动者的目标之间的关系进行社会学的因果解释，这种说明模式被称为"利益模式"。爱丁堡学派"强纲领"的提出标志着科学社会研究在理论和实践上发生了重大转折，即从科学体制社会学转向科学知识社会学。在爱丁堡学派的影响和带动下，科学知识社会学内部形成了科学争论研究、实验室研究、文本和话语分析等多元的研究场点，使"建构论"登上了科学社会学研究的主流方法论舞台。与默顿及默顿学派的观点迥异，建构主义者通过理论阐释和经验研究，把知识社会学的基本信条贯彻到对科学的说明中，充分展示了世俗化的科学知识形象，致使"元科学"和社会理论出现了一定程度的表述危机。在社会建构论者的推动下，知识和科学社会学进入一个崭新的发展阶段，科学知识社会学成为继默顿科学社会学后的一种新的主流理论和实践。

图8-11　爱丁堡街道

恩格斯曾说过："每一时代的理论思维，包括我们这个时代的理论思维，都是一种历史的产物。"爱丁堡学派之所以能解构默顿的科学社会学，促使科学知识社会学登上理论舞台并成为一种主流理论，其关键在于默顿科学社会学赖以生存的"小科学"现实土壤和实证主义认识论基石已被动摇，同时，由于库恩的影响，其"范式"理论所蕴含的相对主义元素为挑战科学理性提供了理论平台，正是基于这样一些背景，爱丁堡学派解构默顿科学社会学迎合了时代的要求，得到了更多人的拥戴和支持，科学知识社会学因此开始走向繁荣。

图8-12 古罗马神庙

第四节 文化导向的城市更新

1995年,联合国教科文组织将爱丁堡的老城区和新城区(1995 Old and New Towns of Edinburgh)作为文化遗产,列入《世界遗产名录》。新城与老城拥有完全不同的风格。老城区密布中世纪城堡和建筑,体现了中世纪城市的自由生长现象;新城区则是18世纪以来的新古典主义风格,反映了18世纪和19世纪城市规划的思想,这一规划思想影响了整个欧洲。两区有极大的反差,但却和谐并存,使爱丁堡具有独特的气质。

爱丁堡的市区被"王子街公园"绿地分隔为两部分,南部是老城,建于1329年,山上的爱丁堡城堡最早建于6世纪,但目前存在的最早建筑是城堡内11世纪建造的小教堂;北部是1767年市议会批准开始建造的新城。王子街公园是1816年由沼泽地改造的,此地最早原是一个湖——"北湖"(Nor'Loch)。老城的轴心街道是皇家-英里大道(Royal Mile),西端起自城堡,东端是荷里路德宫(圣十字架宫),横向的小街道叫"死胡同"(Wynds),和英里大道横向交叉,像鱼刺一样,城堡好像鱼头。老城的保护始于第二次世界大战之后1949

年的城市规划，新城则是在1960年代后期才逐渐被意识到需要保护和维修，1970年成立了爱丁堡新城保护委员会。当时老城内过度拥挤，人口饱和，政府决定兴建一个新的城区。随着新城阶段式地发展，富有的人从狭窄空间中的拥挤住所，搬入面向北方的乔治亚风格的住宅。然而，穷人依旧留在老城。当时，为了找出适合新郊区的现代格局，1766年1月举行了一项设计比赛，获胜的是22岁的詹姆斯·克雷格，他提议一个简单的格局，规划出延伸至两边的宽广的街道和雄伟的广场。主要大街沿着山脉连接两个花园广场，另两条主要道路设有两座马厩均位于北方及南方的下坡，并提供给大宅邸马行走，完成三大南北向格子状街道，也就是第一新城。

新城包含爱丁堡主要购物的街道王子街，王子街是爱丁堡最繁忙的商业大道和交通动线，也是乘火车抵达爱丁堡的旅客首先到达的地方，提供多种服务的旅客中心就在王子街上。在王子街中心有一个巨大的U型谷，站在该谷的大桥上看两边的建筑建在高高的悬崖上，恍惚间有如电影中的场景一样。从旅客中心旁的王子购物中心开始，整条街上都是购物商店、百货公司和书店，各种品牌应有尽有。苏格兰国家肖像画美术馆在女王街上，其他著名的建筑包括在乔治街上的集会厅，以及司各特纪念塔。沃尔特·司各特是英国著名的历史小说家和诗人。他生于爱丁堡市，自幼患有小儿麻痹症，爱丁堡大学法律系毕业后，当过副郡长，他以苏格兰为背景的诗歌十分有名，但拜伦出现后，他意识到无法超越，转行开始写作历史小说，终于成为英语历史文学的巨匠。乔治街是金融中心，现今有着许多现代化的酒吧，伫立着很多以前银行的大楼，圣安德鲁广场上崭新的慕崔斯道是夏菲尼高百货公司，以及其他设计师商店的所在地。

作为城市化最早的国家之一，英国的城市更新已有将近100年历史。在城市更新的过程中，英国注重文物保护，采用修旧如旧的方法，把对历史建筑物的破坏程度降到最低。同时，配合这些建筑物的风格、特色，建造与其相适应的配套建筑。政府并非推动城市更新的主体，其实施是依靠城市开发公司、英国合作团体（EP）、城市重建公司等多主体共同参与。通过城市更新，英国改变了城市的陈旧形象，提升了建筑功能，改善了城市环境，并促进了市民生活的便利性。城市更新理论始于20世纪40—50年代复兴城市经济增长的英国清除贫民窟计划，

图8-13 建设中的城市

1958年8月,荷兰海牙召开的城市更新研讨会上首次正式提出"城市更新"概念。就英国而言,工业化进程中经历了一个从城市快速发展到城市衰落的过程,尤其第二次世界大战后,传统老工业城市面临不可逆转的颓废态势,逐渐丧失产业核心竞争力,在区域尺度上城市郊区化也使得城区人口和就业岗位不断外流。为了刺激地区经济复兴,增强社区凝聚力,转型发展或拆除重建中推进城市更新计划,激发城市未来经济增长的活力,英国通过再生恢复和增强现存衰败的老工业城市活力,推动后工业化或后现代城市可持续协调发展的"生态现代化","兼容并蓄"合理优化城镇空间结构布局。统筹谋划城市更新的"决策链"几乎贯穿了英国多个城市的发展历程。随着英国经济社会发展环境的变化,承载着原有功能的部分土地开发项目逐渐与新的发展服务功能结构上不匹配。如何合理有效地推动城镇低效用地的再开发、促进节约集约用地、优化土地利用结构、合理布局城镇空间并推动产业升级改造，英国做了大量尝试性实践探索。

城市是兼具多要素空间特性的地理单元，其中土地作为重要生产资料，是推动城市发展、居民就业和产业变革的重要资源支撑。英国作为当今世界发达国家，大力推进城市形态、街道建筑、自然人文景观、城市道路、城市河道、城市产业、城市管理的有机更新，把"存量化""减量化"的空间品质优化升级作为规划导向，将经济社会发展战略与空间用途管控有机结合。不同于以土地增值为目标带来土地财政收益的增长，英国各级政府要求土地开发者在取得规划许可的同时，发展职能要附带承担部分相应的基础设施建设责任和义务。英国城市规划设计中充分考量城市景观视线、城市廊道等需求，从整个城市整体架构角度，合

图8-14　新旧并存

理布局公园、森林等绿色空间体系。大部分城市把生态保护、绿色发展作为建设生态城市所追求的目标，注重原有建筑城市更新与周边环境相协调，有历史价值的建筑登记在册并受到有效保护。城市更新作为一种新的发展方式，是一个开放包容、合作协调的治理体系。英国在推进城市再开发和结构优化过程中，牵涉的投资项目多，再建设成本较大，采取由政府主导转变为以市场为主导的各层面"多条腿走路"的城市更新模式。充分发挥政府引导和推动作用，赋权市场运作的多元参与机制，由政府治理逐渐向多元协同、社会治理方向转变，培育政府与企业、社区三方在资金、战略、目标和实施等方面的多维度协同合作，打破单一的思维惯性和路径依赖，实现城市更新的"内生外连"协同发展模式。

英国城市更新的建筑项目不是单独孤立的，而是与城市周边、大众需求乃至整个城市发展交相呼应。考虑到城市更新改造未来可能会一直存在，不能仅倚重短期效应，更应放在城市未来脉络的延续目标上。譬如，伦敦奥林匹克项目在奥运会期间能容纳8万名观众，在设计创意时就考虑到奥运会后场馆"可持续性"再利用问题，做到不让资源闲置和浪费，奥运会后场馆上层的5.5万个座椅被全部拆除，只保留下层2.5万个座椅，并将此变为足球场，向社会公众开放，甚至个别场馆改为商品展销场所，既节省了维护成本，又得到了永续利用，带动了当地经济发展，保障了居民就业。城市更新是一个复杂的系统工程，是涉及城市经济、社会、文化、生态等方面空间资源再分配的过程。城市更新不仅指建筑物、住宅区等物质空间的改善，还包含就业、绿地、公园等多维可持续的城市要素改建行动。城市更新不仅仅是对物质环境的有效改善，更与当地经济发展紧密关联。通过城市更新可以刺激、促进经济新增长以及增强区域或社区载体活力，优化城市治理结构和功能，提升城市品质和核心竞争力。当前城市更新已成为许多国家积极支持和鼓励的重要方向，英国基于社会历史发展的不同阶段，对城市规划设计构思、城市更新管理模式、更新城市机制建设等方面的实践经验和做法，值得在统筹谋划、稳步推进城市更新中学习、借鉴与思考。

小镇民居

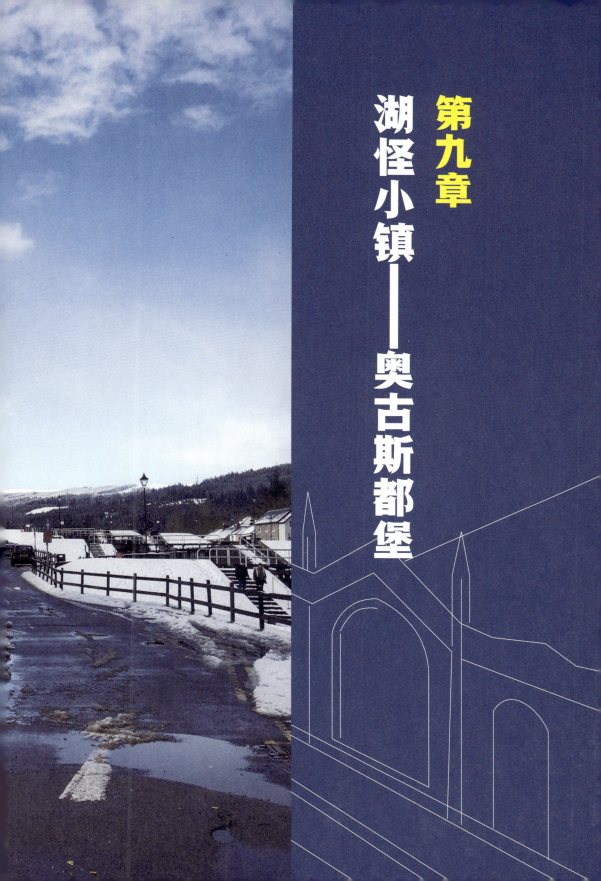

第九章
湖怪小镇——奥古斯都堡

奥古斯都堡（Fort Augustus）是位于苏格兰的一座小镇，这座原本名不见经传的小镇因为尼斯湖水怪声名大噪，来自全球各地的观光者络绎不绝，逐渐发展成为苏格兰文化旅游的一张名片。奥古斯都堡位于尼斯湖（Loch Ness）最南端，是一座宁静安详的小镇，奥古斯都古堡遗址位于此地，小镇的中心地带集中在尼斯湖南部，横跨喀里多尼亚运河（Caledonian Canal）。小镇风景如画，郁郁葱葱的河岸和河边的酒吧相映成趣，晚上是欣赏尼斯湖夜景的绝佳之地，还可以乘船游览尼斯湖，开启探索水怪之旅。本章主要从景观叙事的视角，分析奥古斯都堡基于尼斯湖水怪的休闲旅游发展策略，以及在这一过程中如何融合地方文化，引发人们的历史想象与文化思考，进而形成对这一地域的文化精神认知。

图9-1　格伦科峡谷

图9-2 罗蒙湖水禽

第一节　高地初见

如果要在欧洲选一个以自然风光为主的旅行目的地,英国常常会被遗忘,世人对英国的印象通常是刻板的伦敦印象,哥特式的议会大厦和大本钟、伦敦塔桥和摩天轮,是经典的老城形象,相比自然风光,人们更熟悉的是牛津、剑桥的大师云集,或是英国王室的奇闻轶事,脑海里关于英国自然风光的记忆似乎是稀缺的。然而英国作为"大不列颠及北爱尔兰联合王国",包括了英格兰、苏格兰、威尔士和北爱尔兰,多样的领土造就了美丽多样的自然风光,而苏格兰高地是英国自然风光最精华所在。苏格兰高地(Scottish Highlands)通常指的是苏格兰高地边界断层以西和以北的山地,以及希恩特群岛、天空岛等地区,这里分布着多座山脉,包括英国最高峰本内维斯山。苏格兰高地是最后一个冰河时期的据点,这里的地形地貌多由冰川时代侵蚀而成,古老的岩石被冰川切割成峡谷和湖泊,塑造成一片非常不规则的山区。高地的山多显圆润,缺少一种锋芒,山峰平缓的曲线给人一种亲近感。舒缓起伏的山坡覆盖着低矮的草原和苔藓,宁静中散发出一种原始的气息,这样的景色无疑是欧洲最美风景之一。苏格兰高地的精华在于星罗棋布的湖泊和古堡,它们镶嵌在峡谷和小镇周边,静静地默数着时间的流逝。

高地(Highlands),苏格兰北部的议会区,是苏格兰大陆最北端的延伸,位于西部大西洋和东部北海之间。它从南部的格兰屏山脉延伸到北部的彭特兰湾,包括内赫布里底群岛的几个岛屿。高地涵盖凯斯内斯、萨瑟兰和奈恩郡的历史县、罗斯和克罗马蒂的历史地区、因弗内斯郡的历史县,以及马里和阿盖尔郡的部分地区。高地是英国最大的行政单位,占苏格兰总面积的近1/3,但人口不到苏格兰的1/20,是英国人口密度最低的地方。因弗内斯是议会区的行政中心。该地区崎岖不平,高原被一个被冰川冲刷的山谷深深剖开,其中许多山谷包含湖泊。最大的山谷是格伦莫尔(Glen Mor),这个名字在盖尔语中意为"大山谷",部分被尼斯湖包围。凯恩戈姆(Cairngorm)山脉和翠廉山(Cuillin Hills)在内的几座山脉高出高原,海拔超过900米。最高点本尼维斯海拔1343米。高地议会区是英国最潮湿的地区之一,最高峰每年的降水量可达5100毫米,西部山区和大西洋沿岸大部分地区的年平均降水量超过1500毫米。北部沿岸较为干燥,

图9-3 三姐妹山

年平均降水量约为750毫米。受到周围海洋的影响产生了温和的气候。该纬度的冬季温暖，1月份的平均气温高于冰点，除了内陆山区，夏季凉爽，气温很少高于20℃。

在高地的大部分地区，种植（小规模农业，主要是为了维持生计）和渔业主导着传统经济。然而，在高地清理（Highlands Clearance）期间，地主强行驱逐了数千名农户，以建立专门用于大规模养羊的庄园。这是农村人口减少的开始，这一趋势在该地区的大部分地方仍在继续。许多农村地区仍然种植农作物，但更多农户通过生产手工艺品出售或从事工业或旅游业工作来补充收入。主要的农业活动是畜牧业，特别是低洼地区的牛肉和奶牛，以及崎岖山区的绵羊。高地的主要农作物是干草和燕麦，主要用作饲料，还有一些供人类食用的大麦和土豆。在威克、金洛克贝维和阿勒浦等港口，捕鱼业仍然十分重要，商业鱼类养殖。尤其是鲑鱼养殖，对当地经济不可或缺，尤其是在天空岛和大西洋沿岸的其他地区。主要产业涉及食品加工，包括鱼类加工和威士忌蒸馏。在因弗内斯和马里湾沿岸的其他城镇，很多当地企业为北海石油工业建造钻井平台并提供其他商

品和服务。高地地区最大的单一经济部门是旅游业。位于凯恩戈姆山脚下的阿维莫尔镇是滑雪和其他冬季运动的中心，许多其他城镇和村庄为外来游客提供食宿。无论是夏天，还是冬天，苏格兰高地都展现着摄人心魄的美。

特洛萨克斯国家公园是高地最知名的景点之一，该公园成立于2002年，著名的罗蒙湖（Loch Lomond）就在这个国家公园内，这个湖是游览高地的必经之地。罗蒙湖是苏格兰最大的淡水湖，四周被山地环绕，成为一个天然氧吧，是苏格兰人最喜欢的度假和蜜月旅行之地。宁静的罗蒙湖还是众多水禽的嬉戏之所，在这里可以看到天鹅、绿头鸭等在湖中游弋。湖南岸的巴勒赫镇（Balloch）和北岸的塔比特镇（Tarbet）可乘坐游船游湖，以上两个小镇都有火车站，出行非常方便。另外，国家公园内的特洛萨克斯山附近也有很多壮美的峡谷和幽深的湖泊，蔚蓝幽静的湖面倒映着连绵起伏的树林，令人流连忘返。

从罗蒙湖继续往西北方向走就到了著名的"苏格兰高地之门"威廉堡（Fort William），这里是通往西部高地的门户，也是苏格兰高地一个重要的旅游集散中心。位于苏格兰西部的本尼维斯山是不列颠群岛最高的山峰，毗邻威廉堡。本尼维斯山在英国苏格兰北部，迤逦的格兰特山脉从西南向东北绵延，层峦迭蜂，气势磅礴。"尼维斯"一词在英语中的意思就是"头顶云彩的山"。山峰上常年白雪皑皑、云雾缭绕、怪石嶙峋；苍翠的林木盖满了起伏的峰峦，远远望去，就像碧波万顷的绿色海洋。苏格兰高地虽然名为高地，但海拔却不是很高，即使最高峰本尼维斯山海拔也才1343米。如今成为徒步爱好者最喜欢攀登的一座山，山上现存有19世纪末建成的登山步道。山虽不高，但却天气多变，常年被云雾笼罩，且降雨频繁，所以有一定攀登难度。

威廉堡东南方就是著名的格伦科峡谷（Glen Coe），也叫科河谷，这里是苏格兰最知名的峡谷，很多电影都曾在这里取景，包括《勇敢的心》《哈利·波特》《007大破天幕危机》等。科河谷也是苏格兰著名的徒步圣地，每年都吸引不少游客和当地人前来远足。梅尔·吉布森自导自演的影片《勇敢的心》大部分外景地都是在格伦科峡谷取景，而事实上威廉·华莱士的纪念碑就在峡谷区的斯特林小镇，高大的纪念碑矗立在山顶，仿佛这位13世纪的苏格兰民族英雄依然在向世人诉说着"自由"的故事。从威廉堡往西大概25公里就到了格伦芬南

第九章 湖怪小镇——奥古斯都堡

（Glenfinnan），这里最有名的就是格伦芬南高架桥和蒸汽火车了，它之所以被人熟知得归功于2002年的电影《哈利·波特与密室》。影片中哈利驾着汽车飞行在蒸汽火车上方的场景让人印象深刻，而取景地正是格伦芬南高架桥。每年夏季的时候，这辆雅各比特蒸汽火车是正常运营的，所以如果游客想体验电影中的火车，可以夏季的时候来。格伦芬南除了这个高架桥，还有著名的格伦芬南纪念碑，这座纪念碑建在希尔湖（Loch Shiel）北岸，从这里也可以看到高架桥。

穿过因弗内斯（Inverness），继续往北就到了苏格兰大陆的最北端，这里有两座灯塔分别在最北端的邓尼特角（Dunnet Head）和东北部的邓肯斯比角（Duncansby Head），两座灯塔都是临悬崖而建，非常漂亮。从最北端沿着西部海岸线南下，将到达有200多年历史的渔港小镇阿勒浦（Ullapool），小镇人口仅有千人，却是个重要的港口，这里有航线可以到刘易斯岛和哈里斯岛。小镇宁静美丽，春夏之际到处都是鲜花，比小镇人口还多的海鸥也是这里的常客。

平缓苍茫的山脉，原始深邃的峡谷，星罗棋布的湖泊，变幻多样的天气，神秘莫测的传说，凝固时空的古堡，世界尽头的灯塔，所有这一切互相交织发酵，成就了今天的苏格兰高地的诗和远方。

图9-4 罗蒙湖

图9-5 茫茫雪原

第二节 勇敢的心

如果只能选一座城去了解苏格兰的过去，那一定是因弗内斯，位于因弗内斯的卡洛登沼泽（Culloden Moor）曾见证了英国本土最惨烈的战争——卡洛登战役（Battle of Culloden）。卡洛登战役，又称德拉莫西沼地之战（Battle of Drummossie Moor），是1746年詹姆斯党叛乱最后决定性的一战。1745年夏，詹姆士二世的孙子、"小王位觊觎者"查理·爱德华纠集流亡在欧洲的余党，率领雇佣军入侵苏格兰，一开始势如破竹，很快攻陷爱丁堡、卡莱尔、德比，在位君王乔治二世并没有恐慌，他没有听从大臣们逃跑的建议，而是调兵遣将，坚守首都伦敦。他召回坎伯兰公爵威廉·奥古斯塔斯担任抗敌总指挥，这个年轻的统帅很快稳住阵脚，逐步向北推进，把试图复辟的叛军压缩到苏格兰最北边。1746年4月16日，双方在苏格兰因弗内斯郡的一块名为卡洛登的高沼地展开厮杀。苏格兰实力强大的坎贝尔家族与他们的民兵队站在政府一方，与另外3个苏格兰低地军团组成9000人的政府军，对抗由雇佣军和苏格兰高地人组成的5000"詹姆士二世党人"叛军。此役双方都有为数众多的苏格兰人参与，这场著名的战役仅40分钟就以叛军的惨败告终,政府军以50人的微小代价便重创叛军,五千人的詹姆士二世党人的军队阵亡1000余人,其余大半受伤或被俘,其主帅查理·爱德华仓皇逃往法国,开始了漫长的流亡生涯。卡洛登之役标志着"詹姆士二世党"复辟斯图亚特王朝的幻想彻底覆灭,也使苏格兰被英格兰更严格地统治,自此苏格兰再没有因为军事叛乱从大不列颠分离。在当年决战的卡洛登沼地,建了一座纪念馆,以图片和影像介绍了那场战役的过程,还有大量武器装备展示,身着当年军装的工作人员则更是一道风景。

卡洛登战役之后,英国政府逐步瓦解了苏格兰高地人的归属意识核心,也就是他们生活基础的氏族制度,并且将他们逐出苏格兰高地,没收他们的土地,展开了所谓的"高地清理"(Highland Clearance)。以有效利用土地为由,政府将苏格兰高地人的土地变更为牧羊之用,正是所谓的"羊吃人"。同时推行英国"留发不留头"的文化改造政策,如禁止穿着象征氏族的苏格兰格纹服饰和禁止使用风笛等,对苏格兰高地文化的破坏也到了令人绝望的地步,这在一定程度上推进了美洲移民的风潮。根据学者专家的研究,在1760—1775年,移民到北美的苏格兰人超过4万人,其中大半都是为寻求新天地的贫穷苏格兰高地人。经过改造后,苏格兰的学者专家积极参与英格兰的制海权和通商网络,从中找出优点,提出解决问题的实用之道,一扫过去在经济上的落后,并且促进繁荣,他们学会了犹太英格兰人的经商模式,甚至学会用道德包装这种高利贷经济模式。堪称已经比英国人还要英国人,如提出所谓"道德哲学",在美国发表《独立宣言》的那一年,亚当·斯密(Adam Smith)出版了《国富论》[*The Wealth of Nations*,原名为《国民财富的性质和原因的研究》(*An Inquiry into the Nature and Causes of the Wealth of Nations*)]。从亚当·斯密,到苏格兰启蒙运动,专研所谓政治经济学(Political Economics)的知识分子大量涌现,标志着文化改造的成功,苏格兰从而正式成为大英帝国的一员。在18世纪后半期,苏格兰的海外贸易急速增长达三倍之多。许多苏格兰都市都有明显的发展,特别是由建筑师詹姆斯·克雷格(James Craig)所引导的爱丁堡新城建设,象征着苏格兰低地在卡洛登战役后的繁荣。今日爱丁堡的城市风貌,就是在这个时期塑造出来的。从街道场所的命名当中,如源自乔治三世之子的王子街

（Princes Street）、以国王命名的乔治街（George Street）、纪念女王的女王街（Queen Street）和夏洛特广场（Charlotte Square）等，已完全感受不出过去苏格兰人对于合并所持有的否定情感。

据说在卡洛登战役之后，苏格兰人活跃于五个以英文字母M为开头的专业领域，即：军队（Military）、海事（Maritime）、商业（Mercantile）、传教（Missionary）和医学（Medicine），最明显的是大量收容了苏格兰高地男人的陆军。英国直到1916年于第一次世界大战期间引入征兵制之前，一直都是志愿兵；而陆军士兵，则是再怎么贫穷的人都不想从事的工作，是男人们最后的选择。当时招募新兵的方式，要不是诱拐，就是举办招募宴，将参加者灌醉后，哄骗他们入伍。然而，苏格兰高地的男人们，却不得不志愿加入陆军；其背后的原因，即是由于前文提及的"高地清理"，在物质和精神层面所带来的双重苦难下，他们已经别无选择。在拿破仑战争的最终决战中，民兵和国民军的动员在

图9-6　高地雪山

1814年到达最高潮，当时陆军所招募的士兵当中，苏格兰高地出身者的比例高得离谱。这显示出，因为"高地清理"而被赶出故乡的苏格兰高地人所面临的贫穷困境十分严峻。苏格兰高地部队包括在卡洛登战役的惨败中幸存下来的詹姆斯党人，大多数被派遣投入七年战争以及美国独立战争。不只是士兵，在陆军的军官中，也聚集了许多称不上富裕的苏格兰贵族子弟，特别是为了寻求容身之处的詹姆斯党人后代。因此战争之后大量苏格兰军人成为殖民地行政官员。例如贫穷贵族家中的第五子、父亲和兄弟都是詹姆斯党人的詹姆斯·默里（James Murray），在加拿大的魁北克战役中被詹姆斯·沃尔夫将军任用，于1760年被任命为第一任加拿大总督。还有成为弗吉尼亚总督的约翰·默里（John Murray），也是詹姆斯党人之子，其父在1745年的夏天，与登陆苏格兰高地的王子查理并肩作战，且在查理王子停留于爱丁堡期间担任他的随从，是一位相当坚定的詹姆斯党人。

苏格兰人积极参与帝国的贸易、军队、殖民地建设，美国独立战争更是展现出对联合王国的忠诚。不像英格兰舆论对于和美洲之间战争的意见分歧，苏格兰自始至终都维持着"赞成战争"的态度。当年卡洛登战役之后帮助查理王子逃跑的芙劳拉·麦克唐纳，被迫移民美洲，后来她与丈夫艾伦组织苏格兰高地移民部队帮助英国对抗美国的独立。芙劳拉因为当年帮助查理王子逃跑的义举，被誉为"卡洛登之花"，她具有强大的号召力，共聚集两千多名苏格兰高地移民。种种迹象表明，英格兰已经完全吸纳苏格兰成为自己的一分子。英格兰对苏格兰改造成功后，面临着人口激增的问题，同时工业革命后，生产技术的提高更是大量减少工人需求。历史学家阿萨·布里格斯（Asa Briggs）在著作《改良的时代：1783—1867年》（The Age of Improvement, 1783—1867）中所写下的这一段话："如果没有移民这一道安全阀的话，1840年代至1850年代的英国和爱尔兰社会，会变成何种局面，实在难以想象。"

图9-7 尼斯湖游船

第三节　湖怪趣谈

尼斯湖（Loch Ness）位于英国苏格兰高原北部的大峡谷中，是众多苏格兰高地湖泊的其中一个，尼斯湖水深240米，长约36公里，尼斯湖面积虽然不大，但是很深，拥有英国最大的淡水量。该湖终年不冻，两岸陡峭，树林茂密。其水质因大量的浮藻和泥炭而非常浑浊，水中的能见度极低，不足2米。这里流传着尼斯湖水怪（Loch Ness Monster /Nessie）的传说，历史上曾有许多人声称自己见到过它。湖底地形复杂，有很多洞穴。苏格兰民俗中，尼斯湖水怪或"尼西"，是一种水生生物，据说其栖息在苏格兰高地尼斯湖。自1933年引起全世界的关注以来，人们对这种"怪物"的普遍兴趣和信念不断变化，至今尼斯湖依然是全世界人们讨论的热点。湖中有船接载游客游湖找寻水怪行踪，当地的尼斯湖水怪展馆也有关于水怪传说的展品。据不完全统计，声称亲眼见过"尼斯湖怪"的人已超过3000人。综合各方描述，尼斯湖水怪拥有长脖子和三角形的小脑袋，有驼峰，长得有点像蛇颈龙。虽然每个来尼斯湖的游客几乎都与水怪无缘，但人们的热情依然不减，大家纷纷拿出玩具水怪在尼斯湖摆拍，或者在船窗上贴上水怪贴纸，然后开启一场尼斯湖水怪PS大赛，倒也别有乐趣。尼斯湖是否真的存在湖怪另当别论，奥古斯都堡小镇因为湖怪扬名全球，尼斯湖怪俨然已成为当地文化的象征。

尼斯湖马拉松一直都是欧洲风景最优美的赛事之一，神秘莫测的黑色湖水更是吸引着世界各地的人前来一睹水怪真容。苏格兰尼斯湖马拉松组委会甚至在2015年就正式发布消息：参赛选手若能在比赛当天成功和尼斯湖水怪合影，并且接受苏格兰动物协会的鉴定——确定是真正的尼斯湖水怪（非人工合成照等伪造品）的话，将可以得到约5万英镑的额外奖金！

尼斯湖马拉松整体属于难度比较低的马拉松赛，适合跑步经验尚浅的人参加。尼斯湖马拉松的起点是从一个苍茫的荒野开始，可以边跑边欣赏辽阔的高原风光，徜徉在山与湖之间，感受苏格兰高地的壮美。沿着尼斯湖东部海岸穿过内斯河，终点是苏格兰高地的首府——因弗内斯。尼斯湖马拉松《跑者世界》(Runner's World)杂志读者评选为英国十大马拉松之一，除了全马，还设置有半马，10公里项目以及儿童跑项目。湖畔美食区可以品尝当地的汉堡、薯条、烤猪饭和冰淇淋，赛事组还贴心准备了家庭区，有供孩子们玩乐的蹦床、充气城堡、滑滑梯和旋转木马。参赛者可以得到尼斯湖马拉松的完赛奖牌和T恤，奖牌的造型既像是跑者们的鞋带，又像是尼斯湖水怪的剪影，足见赛事组织者的用心。除了水怪，尼斯湖本身也是很值得

图9-8 尼斯湖水怪雕塑

图9-9　奥古斯都堡

图9-10　尼斯湖

第九章 湖怪小镇——奥古斯都堡

游览的地方，它整体绵延而狭长，蜿蜒在山村和公路间，湖畔的风就像是在永不停歇地吟唱，墨绿色的山脉覆盖着湛蓝的天空，尼斯湖则时时刻刻映照着这幅大自然馈赠的美景。湖畔矗立着历史悠久的厄克特城堡，这座城堡曾是苏格兰最大的城堡，在14世纪苏格兰独立战争中发挥了重要作用，而如今城堡只剩一片废墟。城堡遗址位于尼斯湖南岸一块深入湖中的巨大岩石上，在这里可以饱览神秘的尼斯湖风光。它的选址非常反传统，建在山底，三面临水，环水部分有悬崖形成的天然屏障，要进入城堡只能通过连接陆地和城堡的吊桥。

　　湖畔的奥古斯都堡是尼斯湖邮轮的始发地之一，可以从古堡旁边的码头乘船到湖里寻找水怪。在奥古斯都堡还有一条世界闻名的喀里多尼亚运河（Caledonian Canal），这条运河全长97公里，共设29道水闸，拥有4个渡槽与10座桥梁。运河仅1/3为人工航道，余者由多河福湖、尼斯湖、奥克湖以及洛齐湖组成。喀里多尼亚运河能够让木帆船从苏格兰东北部安全抵达西南部，而不必绕过北海岸的拉斯角与彭特兰湾。1803年7月，经英国议会授权，运河由苏格兰工程师托马斯·泰尔福负责设计修建，1822年开通，比预期整整晚了12年。为削减开支，运河吃水深度从6.1米最终降至4.6米，但总花费（91万英镑）仍然比预计费用（47.4万英镑）几乎高了一倍。1920年，运河所有权被转让给交通部，1962年，又被转给英国河道局。喀里多尼亚运河打通了爱尔兰海和北海的水道，连接了尼斯湖（Loch Ness）、奥伊赫湖（Loch Oich）和洛希湖（Loch Lochy），可以直达西南口的林尼湖（Loch Linnhe），可以从奥古斯都堡直接坐船到南边的威廉堡。作为古迹工程和风景优美的旅游景点，喀里多尼亚运河提供了许多休闲活动，每年都会吸引超过百万名游客到此参观。

图9-11 静静的运河

第四节 景观叙事与地方认同

"尼斯湖怪"传说对尼斯湖区的地域景观的话语建构,拓展了传说流传的空间,丰富并建构了景观新的文化符号,提升了地域景观的社会知名度。传说以语言为媒介进行地域景观的话语建构,地域又以传说景观为依托,对现实景观进行创造性的符号编码,景观叙事与语言叙事的互动逻辑,不断以"发明传统"的方式延续和强化传说经久不衰的生命力。

景观叙事与语言叙事是近年来民俗学、人类学研究的重要命题。叙事是一种人类本能的表达方式,在语言、戏剧和绘画中均有广泛应用。在叙事学与社会学、地理学等学科广泛融合的基础上,叙事概念在景观设计中的空间表达有了长足的发展。马修·波提格明确了将叙事概念推演到景观设计中的可能性及其应用方法,通过隐喻、转喻、提喻、反讽等文学中的修辞手法,将回忆经历、乡土历史和文化的象征含义表现在景观中,并进行故事性的串联和编排。许多学者也对叙事手法的具体应用进行了深入探索,例如通过文本层级、多维传感式、修辞命名式等方法在景观中表达叙事文本。简而言之,景观叙事就是景观与叙事之间的交互作用及其产生的联系,是理清"景观"和"故事"的内在逻辑,并通过景观语言叙述"故事"的过程。所谓"景观叙事"是将景观视为一个空间文本,叙事者依托一定的历史事件、社区记忆和神话传说等其他类型的文本为叙事原型,通过命名(Naming)、序列(Sequencing)、揭示(Revealing)、隐藏(Conceal)、聚集(Gathering)、开启(Opening)等多种叙事策略,让景观讲述历史、唤醒记忆,从而以空间直观的形式实现景观叙事的记忆功能。因而,在景观叙事的设计理念中,其他类型的叙事文本是其存在前提,承担的是与景观文本相互参照、相互转化甚至唤醒彼此叙事记忆的"互文性"功能。而"记忆"则是景观叙事的核心内容与重要的设计方法。景观叙事的终极关怀正是以空间范畴中的景观实现时间脉络中的历史记忆,让"空间成为一种时间的标识物,成为一种特殊的时间形式"。由此,景观叙事与语言叙事在特定地域中的对话因为"唤醒历史记忆"而成为可能。

景观叙事究其本源是要通过景观空间的设计和表述传达特定地域的历史信息、地方文化及场所精神等,在历史文化中提取出的人文信息可以通过景观叙事手法转化为空间语言。景观叙事理论主要有结构主义和解构主义两种。结构主义景观叙事理论强调,从共时性角度出发,理性分析景观叙事结构中各个要素间的关系,从中提取景观内涵的叙事特征并以表达,继而寻找景观作品构造形式和景观语义传达机制。结构主义景观叙事本质就是探寻景观叙事下埋藏的故事。景观要素可以引用景观生态学"斑块、廊道、基质"结构进行串联,但只停留于景观要素之间结构性的横向关联关系,而从景观符号形式层面联想深层信息,形成纵向关联关系则是结构主义的关键内容。解构主义景观叙事理论则立足于历时性的角度,观察碎片化的景观语言在人文语境中与不同使用者之间沟通的情况,其认为景观的意义是不固定的、不会停止发展,解构主义景观叙事理论是对结构主义的发展。解构主义强调构建景观和使用者、社会之间交流的情境,关注历史文化在当下社会语境中产生的变化和理解,关注各种类群使用者对景观的认知反应,景观在这里充当沟通媒介的角色,各个时间点上的历史场合在叙事主题下集聚。

景观叙事核心价值主要体现在三个方面:第一,景观叙事可将场地中关于

图9-12 喀里多尼亚运河

时间、事件、经验、记忆等隐性信息诠释呈现出来（interpret）。在主题的甄选方面，通常将场地中的记忆、隐喻性的文化符号、社区标记、仪式性事件等叙事题材纳入其中，从而拓展景观主题的内涵与外延、活力与张力。这些相关叙事主题的应用研究，对遗产地的保护诠释、集体记忆信息的呈现、社区领域与邻里关系、场地的可识别性、认同归属感、场地美学伦理的构建均有积极的意义。第二，通过有意义的叙事线索可将菜单式的、碎片化的信息整合起来，建构物质空间的整体语义语境（integrate）。在叙事线索编排时，通常将时间路线、非线性线索、特定历程融入空间之中，从而拓展景观体验的广度与深度。这样的整合有助于持久性的记忆，有助于地方文化的保留、传播与传承。第三，景观叙事有助于加强主体与客体之间的根植关系，强化场所感与依恋感（attachment）。在促进主客的交互关系方面，构建社会关系网络与文化认同（identity）。在主体与客体动态交互中，探寻现代环境与传统文化碰撞的轨迹，从而将场地记忆、人的情感故事更好地联系在一起。

　　景观可以演述传说，其本身就是一种形象和产生传说故事的过程，通过表现传说的情节要素，引发人们的历史想象与文化思考。同时，传说为景观注入特定的精神内涵和象征意义，展示出奇幻灵动又神圣不凡的景观视界。景观与传说的融合互构，便于获得人们的文化认同，进而构建独特的地域文化精神。从叙事的视角切入，景观可以演述传说，其本身就是一种形象和产生传说故事的过程，在叙事的过程中，借助具体的实物、图像等物象，表现了传说的某些情节要素，引发了人们的历史想象与文化思考，进而形成对某一地域的文化精神认知。那些被续写的景观叙事是传递人类情感和情绪的载体，同时，也是旅游消费者和目的地基于体验的对话故事。旅游消费者永不满足地去寻找梦想的场景体验，而孤立的景观需要旅游消费者才能彰显场所的生命力和价值所在。围绕着游客的想象和凝视，景观开始被一点点建构、塑造和形成。一边是消费者求新求变和永不满足的循环，一边是景观建构者不断地创造人们对于景观、场景和体验的期待。在生产者与消费者对立统一的建构中，衔接二者的景观叙事脱颖而出，充当着目的地品牌营销的重要角色。置身于目的地景观，所见所闻，如建筑、花木、山石、水体、园路，或图像、声音、文字等场所元素，都充分表达出景观的文化内涵和象征意义。景观本身就是一个叙事体系，同时也是故事发生的背景。旅游者参与到其中，景观开始有了意义——场所构成了叙事，场所和人一起产生了故事。不论是城市景观、乡村景观、旅游目的地、景区等，在这个叙事的场所中，人们可以进行真实的沉浸式体验，可触摸、可互动。不同的地理空间中，一系列的景观载体，借由不同的题材和主题组合在一起，将地域的地理环境与历史、人文、文化交织凝结，构成了大千世界绚烂的景观生态。景观叙事的结构还与时间相关联，再现的历史时间、真实的客观时间、个体的体验时间以及虚拟的未来时间。不同的叙事时间，主导着不同的叙事主题和叙事内容。通过时空的编排与联结的修辞手法，让景观叙事超越于物质载体的局限，景观叙事的创意延伸，表达出情感和文化意义，让景观体验更具趣味性、体验性和意境感、真实感。

尼斯湖景观的叙事通过自然景观与湖怪的传说互构互释、不可分割。围绕在湖区的一个个洞穴、一朵朵浪花、一株株树木、一层层浓雾、一重重山峦、一座座古堡，或殊形诡状，或神秘莫测，均在以直观可视的形态讲述神秘的湖怪传说，通过开启人们的历史记忆和联想机能，推动湖怪文化的有效传承；同时，尼斯湖水怪充当了景观叙事的媒介，为景观注入特定的精神内涵和象征意义，带动尼斯湖景区产生除视觉之外的情感和价值力量，展示出奇幻灵动又神圣不凡的景观视界。融合湖怪传说的尼斯湖景观，在获取人们文化认同的基础上，构筑了尼斯湖景区别样的景观叙事谱系。根据世界遗产文化景观保护的策略，其侧重文化

图9-13　小镇风光

和自然共同协作的动态结果,其以遗留景观、现有空间和历史文化的联结关系为基础,在可利用的空间范围内表达抽象的历史和人文信息,让人们身临其境地理解和感悟人类价值观及其关联的意象在时空中的变革,以及彼此的联系。在乡村建设中引入景观叙事理念,以景观叙事为手段将本土文化与遗留建筑、自然景观、现有空间联系起来。乡村的历史文化借由叙事的设计手段,系统、直观地展现出来,让村民感受本源的文化认同感,让游客感受具备可识别性的审美体验和地域文化。

尼斯湖怪的世界中,当游客置身于景区或展馆,在凝视与被凝视、建构与被建构的主客体辩证关系中,景观是呈现者、表达者、互动者,也是被动者、被塑造者。景观维系着消费者与生产者二元对立。而景观叙事,揭开了隐藏的秘密,这秘密是被建构的景观与旅游的真相。

克利夫顿悬索桥

第十章 智慧城市——布里斯托

布里斯托（Bristol），英国英格兰西南地区的名誉郡、单一管理区和最大城市。它是历史上第二座出现在英伦三岛土地上的城市，是一座拥有最多的英国传统建筑和历史文物，以及最古老的港口的传奇城市。布里斯托自中世纪起已是一个重要的商业港口，地位一度仅次于伦敦，直到18世纪80年代才被利物浦、曼彻斯特、伯明翰超过。现今的布里斯托是一座充满朝气的具有多元文化的城市，更是英国重要的航天、高科技及金融贸易中心，英国西南部的教育、文化中心。本章主要分析布里斯托从港口到工业中心，再到高科技中心，从绿色城市到智慧城市，勇于创新且善于利用自身的优势，不断挑战自我的转型之路。

图10-1　布里斯托教堂

图10-2 古堡

第一节 绿色之城

布里斯托建市于1542年,是英格兰八大核心城市之一。布里斯托位于伦敦以西约190公里处,位于埃文河和弗罗姆河的交汇点。城市的西部,埃文河流入塞文河河口,该河口流入大西洋的布里斯托海峡,布里斯托是一个历史悠久的海港和商业中心。在爱德华三世(1327—1377年)统治期间,布里斯托从爱尔兰进口羊毛并制造羊毛布,然后将其出售给西班牙和葡萄牙,以换取雪利酒和波特酒。到16世纪,布里斯托已成为主要港口、制造业城镇以及海外和内陆贸易的集散地。这座城市在航海历史上也发挥了重要作用:约翰·卡博特于1497年从该港口航行到北美。1552年,商业冒险家协会在该市成立;它的大厅和其他一些历史建筑在二战期间被德国轰炸摧毁。布里斯托在英国内战期间是保皇党的据点,直到1645年被国会议员占领。

在17世纪后期和18世纪,布里斯托作为英国从美洲殖民地进口的糖和烟草的加工中心而繁荣发展,它向这些殖民地国家提供纺织品、陶器、玻璃和其他制成品。从西非进口牙买加糖和可可促使布里斯托"糖屋"的建立和巧克力制造。然而，到了19世纪，兰开夏郡棉花产业的兴起，以及克利夫顿下方的埃文峡谷对航运的限制，导致布里斯托失去了与利物浦的大部分贸易。1809年，埃文河和弗罗姆河的潮汐水被改道，形成了一个具有恒定水深无潮汐港。工程师约翰·劳登·麦克亚当（John Loudon McAdam）用铺设凸起石面（碎石化）的技术改善了布里斯托的道路，当地道路成为整个英国道路改善的典范。1838年，布里斯托成为"大西部号"（Great Western）的航行起点，这是继"天狼星号"之后第二艘横渡大西洋的轮船，也是最早的定期跨大西洋轮船。在其处女航中，"大西部号"由英国工程师伊桑巴德·金德姆·布鲁内尔（Isambad Kingdom Brunel）设计，于1838年4月8日离开英国布里斯托，并在15天后抵达纽约市（是普通帆船所需时间的一半）。"大西部号"排水量为1320吨，长65米，可搭载148名乘客；它有4个桅杆，减少了索具和由2个发动机驱动的桨。在它最后的航行中，它载着部队参加了克里米亚战争，这艘船于1856年在伦敦的沃克斯豪尔被拆解。

1843年于布里斯托下水的"大不列颠号"，也是布鲁内尔的杰作。这是第一艘使用螺旋桨推进器和铁甲壳的大型蒸汽船。该船吃水量为3675吨，船长98米，宽15.39米，吃水深4.9米，放在今天依然是庞然大物。"大不列颠号"是第一艘使用铁板建造的大型舰船，是当时规模最大、速度最快的载客蒸汽轮船。"大不列颠号"被誉为英国航海史上的一个奇迹，这艘客轮的出现圆了无数欧洲人的移民梦，曾经用14天的时间从英国到达纽约，仅用6周的时间从英国到达澳大利亚。几十年后，人们建造"泰坦尼克号"轮船时还参考了"大不列颠号"的设计观念。这艘汽船见证了克里米亚战争，然而在战争之后，这艘船就神秘消失了。1970年，被再次发现时，船身已经锈迹斑斑、伤痕累累，英国政府耗资1130万英镑进行一系列的修复工作并建造博物馆：专门开辟出专用码头进行修复，请专业人员对船体除湿除锈，"大不列颠号"终于在沉默多年之后重现当年的雄姿，现在是布里斯托的一个重要的旅游景点。

随着1841年铁路的到来，埃文茅斯和波蒂斯黑德的码头扩建，布里斯托的贸易得以复兴，由布鲁内尔设计并于1864年完工的横跨埃文峡谷的悬索桥进一步促进了交通。第二次世界大战期间市中心大部分地区的破坏为重新规划提供了机会。战后重建包括议会大厦（1956年）、其他现代公共建筑和布罗德米德的新购物中心。皇家波特伯里码头成为到港口综合体，其进口包括精炼石油产品、动物食品和森林产品。布里斯托的出口主要包括汽车、拖拉机和机械。当地工业包括糖精炼、可可和巧克力制造、葡萄酒装瓶以及精细玻璃（布里斯托"蓝色"）、瓷器和陶器的制造。当地最著名的行业是菲尔顿的飞机设计和制造。城市北郊塞文桥的建设和通往威尔士南部的M4高速公路的建成极大地提升了布里斯托作为英格兰西南部主要配送中心的地位。布里斯托也是一个教育中心，其学校包括建于16世纪的布里斯托文法学校、大教堂学校和伊丽莎白女王医院；科尔斯顿学校1708年建成，布里斯托大学于1876年作为大学学院成立。布里斯托在战争中幸存下来的最引人注目的教会建筑是圣玛丽雷德克利夫教堂，这是一座14世纪的建筑，其宏伟的比例和雄伟的垂直哥特式设计使其成为世界上最著名的教区教堂之一。布里斯托的大教堂起源于坎特伯雷的圣奥古斯丁修道院教堂（始建于1142年），以其诺曼底教堂和门户而闻名。其他未被破坏的著名建筑包括圣马可教堂和市长教堂、多米尼加修道院、世界上第一个卫理公会教堂，以及建于1766年的皇家剧院。

曾经，布里斯托是英国最重要的商业港口，地位仅次于伦敦。到了19世纪，布里斯托开通了通往伦敦的铁路，逐渐转变为一个工业中心。如今，布里斯托依然是英格兰八大核心城市之一，是英国西南部高科技中心。布里斯托的"绿色环保"一直走在英国乃至欧洲的前沿：2008年被评为英国首个"自行车之都"，2015年获得"欧洲绿色之都"的称号，2016年又被评为"英国最环保城市"——这些荣誉都彰显了布里斯托作为一座现代城市为保护环境所做出的巨大努力和贡献。许多繁忙的大都市可能都以自己覆盖范围广且错综复杂的交通和地铁路线网络而骄傲，而布里斯托却因自己的一个别样的"地域网络"而自豪——那就是"城市绿色空间网络"。随着第二十一届联合国气候变化大会（COP21）在法国巴黎的召开，全世界的目光都聚焦在了空气污染和温室气体排放上。布里斯托大学作为布里斯托的城市代表，参加了此次国际会议。在过去的几十年间，布里斯托以及布里斯托大学在环境保护的课题上做出了许多的研究和努力，所有的成就让这座城市成为英国第一个获得"欧洲绿色之都（European Green

Capital）"殊荣的城市。"欧洲绿色之都"奖项由欧委会设立，旨在奖励环境方面长期保持高水平的城市。布里斯托作为英国的环保城市，拥有最低的人均废弃物量、最高的资源回收率、最高的自行车出行率、最低的人均能耗及碳排放量。在这里，随处可以见到太阳能板，当地的空气、交通阻塞、垃圾回收、能源使用等信息都可以在城市开放的公共信息中获取。在布里斯托中心地区，聚集着世界领先的低碳技术策划者和专业技术顾问，代表性机构是西南低碳联盟。该联盟旨在支持低碳行业和使用低碳技术的组织和机构的发展。西南低碳联盟对英国西南部海洋能源公园的建立发挥了关键作用，公园从康沃一直延伸到布里斯托，被用来发展海上风力涡轮机和潮汐发电技术。布里斯托拥有英国最强大的研究基地，包括国家复合材料中心、纳米科技和量子信息中心以及欧洲最大的机器人实验室，被称为欧洲的硅谷。

布里斯托比起英国其他城市，少了些工业化气息，多了些大度包容，曾先后两次被《星期日泰晤士报》评选为英国最宜居的城市，被英国《独立报》和《卫报》评选为2019年全球最热门的旅行目的地之一。作为"英国幸福感最高的城市"，它既有着小城市的风情和舒适，又有着大城市的便利和科技。布里斯托不仅有风景如画的公园建筑，同时体现了现代化的都市生活。古老的音乐厅、博物馆、歌剧院、摩登的酒馆、咖啡厅、电影院……如此罕见的结合充分激发城市的灵感与创意。布里斯托还是闻名全球的涂鸦大师班克斯的故乡，也是世界五大"涂鸦艺术之都"之一。这个城市的色彩，不仅被印刷在自己发行的货币上，还体现在这里举办的欧洲最大的涂鸦艺术节中。值得一提的是，布里斯托每年都会举办各式各样的活动来满足人们休闲娱乐的需求，除了涂鸦艺术节还有著名的热气球节、海港船舶节、音乐节、狂欢节、圣诞集市……这里的产业大多属于高科技创新型产业，同时对文化的包容度也很高。传统和现代，高科技和历史感，在这里完美融合，无论是旅游还是居住，无论是年轻人还是老年人，都能在这里找到共同语言。

图10-3 克利夫顿悬索桥

第二节 克利夫顿悬索桥

横跨布里斯托埃文（Avon）峡谷的克里夫顿悬索桥（The Clifton Suspension Bridge）是布里斯托的标志性建设，是世界上最早的大跨径悬索桥之一。它由维多利亚时代的天才工程师布鲁内尔（Isambard Kingdom Brunel）设计于19世纪30年代，但直到他去世后的1864年才建成通车，当时的四车道桥梁只通行人和马车。该桥有214米的主跨，而当时能够用作主缆的铁链的强度和密度之比，只有现代高强钢丝的1/5，因此是一个很了不起的大跨径悬索桥。

布鲁内尔是一名工程师，英国皇家学会会员，在2002年英国广播公司举办的"最伟大的100名英国人"评选中名列第二位（仅次于温斯顿·丘吉尔）。他的贡献在于主持修建了大西方铁路、系列蒸汽轮船和众多的重要桥梁。他革命性地推动了公共交通、现代工程等领域的进步。1820年，布鲁内尔前往法国，先后在诺曼底的卡昂大学（University of Caen Normandy）以及巴黎的亨利四世中学就读。1822年，布鲁内尔和他的父亲一起工作，他的父亲也是一名伟大

图10-4　观景台

图10-5　埃文峡谷

的工程师。1830年，24岁的布鲁内尔成为英国皇家科学院成员。布鲁内尔的第一个著名的成就是他与他父亲一起设计的从海斯到瓦平的泰晤士河隧道，该隧道在1843年竣工。经过了100多年的时间，布鲁内尔设计的众多建筑物仍然可以正常使用。布鲁内尔的第一个工程项目，塔马斯隧道，当前成为东伦敦地上铁路的一部分。布鲁内尔被铭记的最好业绩可能是他在大西部铁路的隧道、桥梁和高架桥的连接工作中的贡献。1833年，他被任命为大西部铁路的总工程师，这是维多利亚女王时代英国的几个奇迹之一，它从伦敦到布里斯托，之后又到艾克赛特。在那个时候，布鲁内尔做了两个有争议的决定：一个是轨道使用了2140毫米的宽轨，因为这样火车在高速行驶时能跑得更稳；另一个是设计了没有重要城镇的马尔博乐北部的路线，将牛津和格罗斯特连接起来并能顺着泰晤士河谷到达伦敦。当时全英国都使用的是标准轨，他全线使用宽轨的决定引起了轩然大波。布鲁内尔说，这不过是乔治·斯蒂芬森在制造上一条客运铁路之前的那条矿山铁路的延续。通过数学计算和一系列的尝试，布鲁内尔设计出的宽轨的规格能给乘客提供最稳定和最舒适的旅行，同时还能承载更大的车厢，具有更强的运输能力。他亲自测量了从伦敦到布里斯托路线的长度并绘制了草图，大西部铁路包括了一系列令人瞩目的成就：高耸入云的高架桥、设计独特的车站和当时世界最长的隧道——著名的盒子隧道。

　　布鲁内尔的最后一项工作是建造横跨布里斯托埃文峡谷的克里夫顿悬索桥，尽管有人建议应像查莱的桥一样，用缆索悬吊桥面，而布鲁内尔更愿意仿照泰尔福德的设计使用铁链。大桥建设时间很长，1831年开始动工，但由于缺少资金而频频拖延，在1842年停工了，铁链也出售了，直到布鲁内尔1859年去世后，土木工程师学院的成员们组成了建桥队伍，他们重新使用布鲁内尔1845年所建的悬索桥拆除的链子，克里夫顿悬索桥于1864年通车，跨越214米长的巨大的埃文峡谷。克里夫顿悬索桥是现代蹦极跳的发源地，1979年4月1日，英国牛津大学"危险运动俱乐部"的4名成员，在布里斯托的克里夫顿悬索桥上表演了世界上最早的蹦极跳，俱乐部成员从当地75米高的克里夫顿桥上利用一根弹性绳索飞身跳下，拉开了现代蹦极运动的帷幕。

　　悬索桥的历史是古老的。早期热带原始人利用森林中的藤、竹、树茎做成悬式桥以渡小溪，使用的悬索有竖直的，斜拉的，或者两者混合的。婆罗洲、老挝、爪哇原始藤竹桥，都是早期悬索桥的雏形。不过具有文字记载的悬索桥雏形，最早的要属中国，直到今天，仍在影响着世界吊桥形式的发展。远在公元前3世纪，在中国四川境内就修建了"笮"（竹索桥）。秦取西蜀，四川《盐源县志》记："周赧王三十年（公元前285年）秦置蜀守，固取笮，笮始见于书。至李冰为守（公元前256—251年），造七桥。"七桥之中有一笮桥，即竹索桥。可见至少在公元前3世纪，中国已经记录了竹索桥。而位于四川省都江堰市区西北约2公里的岷江上的安澜桥是世界索桥建筑的典范，中国古代五大古桥之一，全国重点文物保护单位。该桥横跨都江堰水利工程，是古代四川西部与阿坝之间的商业要道，是藏、汉、羌族人民的联系纽带。安澜索桥始建于宋代以前，明末毁于战火。索桥以木排石墩承托，用粗如碗口的竹缆横飞江面，上铺木板为桥面，两旁以竹索为栏，全长约500米。目前，安澜索桥已比原址下移100多米，将竹改为钢，承托缆索的木桩桥墩改为混凝土桩。坐落于都江堰鱼嘴分水堤上，是都江堰最具特征的景观。1665年，徐霞客有篇题为《铁索桥记》的游记，曾被传教士马尔蒂尼翻译到西方，该书详细记载了1629年贵州境内一座跨度约为122米的铁索桥。1667年，法国传教士马尔蒂尼从中国回去后，著有《中国奇迹览胜》，书中记有见于公元65年的云南兰津铁索桥。该书曾译成多种文字并多次再版。据科技史学家研究，是在上述书出版之后，索桥才传到西方。有名的四川大渡河上由9条铁链组成的泸定桥，是在1706年建成的。在云南亦较早就出现了悬索桥，据《徐霞客游记·滇游日记》记云南龙川东江藤桥云："龙川东江之源，滔滔南逝。系藤为桥于上以渡……"

　　近代中国的悬索桥发展可以追溯至1938年，湖南建成一座公路悬索桥，可运行10吨汽车，随后又有一批公路悬索桥建成。新中国成立后，共建成70多座此类桥，但跨径小，宽度窄，荷载标准低，发展大大滞后。

中国现代悬索桥的建造起于19世纪60年代，在西南山区建造了一些跨度在200米以内的半加劲式单链和双链式悬索桥，其中较著名的是1969年建成的重庆朝阳大桥；1984年建成的西藏达孜桥，跨度达到500米。20世纪90年代的交通建设高潮使中国终于迎来了建造现代大跨度悬索桥的新时期。跨度为452米的广东汕头海湾大桥采用混凝土加劲梁；广东虎门大桥为跨度达888米的钢箱梁悬索桥。中国的桥梁科学技术迅速赶上世界先进水平。

20世纪90年代后，中国悬索桥掀开了新的历史篇章。主跨452米的广东汕头海湾大桥被誉为中国第一座大跨度现代悬索桥，其主跨位居预应力混凝土加劲悬索桥世界第一；西陵长江大桥，主跨900米，是国内自主设计的第一座全焊接钢箱加劲梁悬索桥；江苏江阴长江大桥，主跨为1385米的钢箱加劲悬索桥，列为世界第五的大跨径悬索桥；2005年竣工的江苏润扬长江公路大桥南汊大桥，主跨为1490米，为世界第三的大跨径悬索桥；舟山西堠门跨海大桥，主跨1650米，位居世界第二。可见，中国已进入了世界先进行列。矮寨特大悬索桥，位于湖南湘西矮寨镇境内，距吉首市区约20公里，跨越矮寨镇附近的山谷，德夯河流经谷底，桥面设计标高与地面高差达330米左右。桥型方案为钢桁加劲梁单跨悬索桥，全1073.65米，悬索桥的主跨为1176米。该桥跨越矮寨大峡谷，主跨居世界第三、亚洲第一。

横跨伶仃洋的港珠澳大桥堪称世界桥梁建筑的奇迹之作，全长55公里的大桥东起香港国际机场附近的人工岛，向西横跨了伶仃洋海域之后，连接珠海以及澳门的人工岛，终点是珠海洪湾。港珠澳大桥集桥、岛、隧于一体，是世界最长的跨海大桥。3600吨米的"第一塔吊"是建设过程中的最大吨位塔吊，最大幅度起重量可达80吨。为满足通航需求，港珠澳大桥设计采用了世界最大跨径离岸海中悬索桥技术，桥面达到30层楼高。"中国技术"正一步步引领世界交通基础设施建设达到新高度。

图10-6 乔治亚风格建筑

第三节 文明与罪恶

布里斯托历史上是靠贩奴和三角贸易逐渐富裕起来的。在欧洲开发美洲新大陆的风潮中,布里斯托成为非洲奴隶贸易的中心,1700—1807年,200多艘贩奴船停靠在布里斯托港口,累计贩卖超过50万名非洲黑人到美洲做奴隶。靠贩卖奴隶换回蔗糖、朗姆酒、烟草和棉花,布里斯托也成为英国重要的布匹和葡萄酒贸易港口。近代,布里斯托在与伦敦和利物浦的竞争中,逐渐失去了港口优势。布里斯托及时调整策略发展重工业,重获英国重要的造船中心地位以及航空制造业优势。

英国人的三角贸易开展得十分红火,三角贸易的路线是欧洲—非洲—美洲—欧洲。商人们会从英国的各个港口出发,船上载有英国出产的工艺品、纺织品、酒类或武器弹药等紧俏商品,然后南下到西非的海岸,用商品在当地与黑人部落酋长或奴隶贩子交易,用这些廉价商品与他们交换黑人奴隶和其他非洲特产比如象牙、金沙、兽皮等,然后将买来的黑人奴隶等"商品"装上船,再跨越大西洋到达西印度群岛或美洲其他地方的奴隶市场,将黑人奴隶等"商品"全部卖掉，用换来的钱购买当地的贵金属和高价值农作物，如咖啡、烟草、棉花、蔗糖等，然后再装船回到英国，将其商品卖到英国和欧洲的市场上，至此整个三角贸易结束。西敏斯在《甜与权力》中指出，从糖在世界范围内的流动中，可以窥见世界体系的形成过程，以及伴随的政治经济、权力实践如何渗透在人们的日常生活中。从处于世界体系边缘的甘蔗种植地，流自体系中心的西方帝国；从上层贵族，流向下层民众；从城市到乡村，以资本主义生产方式为主导的世界政治经济体系在糖的流动过程中逐步形成，世界各地卷入到了不平等的全球体系当中。世界体系是一张由奴隶劳动制度和西方帝国殖民历史、甘蔗殖民地的纺线编织起来的巨大网络，将世界各地联结了起来。而糖，就如时刻在互联网中传递的字节一样，沿着这张大网，在世界范围内流动着。伴随着政治经济过程，糖嵌入到世界体系中，塑造着人们的社会生活；同时，世界体系承托着糖的流动，塑造了糖的社会生命。

三角贸易的利润极高，净利润起码在300%以上，因此参与者极多。到了1710年，总部在伦敦的"皇家非洲公司"势力已不如由布里斯托市出航的私人贩奴船，最终到1712年时，英国议会正式废除前面颁布的法案，从此所有英国人都能参与跨大西洋黑人奴隶贸易，还不用向"皇家非洲贸易"公司交税。1713年，英国借助在西班牙王位继承战争中的胜利，与西班牙签署了《乌得勒支条约》，该条约让英国奴隶贩子们多年夙愿成真。《乌得勒支条约》使得英国人成为西属美洲殖民地（西班牙在美洲的殖民地）唯一合法的奴隶供应商，而且这一特权签署了整整30年。按照《乌得勒支条约》的规定，每年英国商人可以合法地向西属美洲殖民地输出4800名黑人奴隶，30年总共输出黑人奴隶人数为14.4万人，随后英国政府将该特权交给了臭名昭著的"南海公司"和"皇家非洲贸易"公司（为其提供黑人奴隶）。据统计，当时英国每年运往西属美洲殖民地的黑人奴隶数目实际上高达1.5万人，而且即使后来西班牙政府到期取消了英国人的贩奴特权，因为自身商业"瘸腿"的缘故，西属美洲殖民地还是不得不继续从英国奴隶贩子手中购买黑人奴隶。1750年时，为进一步刺激商业贸易，英国又颁布法令，承认所有英国人今后在自巴巴里以内的萨勒港直到好望角的非洲各地区、各港口的贸易都是合法的，又建立新公司"英国非洲商人公司"来管理西非等地的要塞（1821年后这些要塞归属国王）。这个法令将跨大西洋黑人奴隶贸易推向了顶峰，18世纪是从事奴隶贩卖的"黄金年代"，即使是在美国独立使英国丧失了北美大片殖民地之后，英国的奴隶贸易也未因此而衰退，1791年欧洲国家在非洲海岸的贸易站有40个，其中英国人就占有14个。1701—1810年，非洲大约输出了600多万黑人奴隶，这些奴隶中的2/3被贩卖到加勒比地区的甘蔗种植园，而英国贩卖的黑人奴隶占三大奴隶贸易国输出总数的2/3（另外两个奴隶输出大国是法国和葡萄牙）。据一些历史学家的估算，在整个跨大西洋黑人奴隶贸易活动合法的年代里，英国从非洲运走的奴隶数目，是其余各国总和的4倍。

18世纪末，英国对奴隶贸易的态度逐渐发生变化。1806年，英国首次颁布禁止奴隶贸易的法令，规定：从1807年5月1日起，绝对禁止非洲奴隶贸易，绝对禁止以其他任何方式买卖、交换与运输奴隶和那些准备在非洲海岸和非洲任何地区出售、运输或作为奴隶使用的人，绝对禁止把上述人输进和输出非洲，上述活动均宣布为非法。1833年，英国议会通过了《解放法案》，年龄在6岁以下的儿童将从1834年8月1日，即汉诺威王朝120周年纪念之后获得自由。成年奴隶和大一点的儿童将成为学徒，年满6年之后也将获得自由。但禁止奴隶贸易并不代表废除了奴隶制度，奴隶制度继续在拉美以及美国的南部广泛存在着。英国禁止奴隶贸易绝对不是良知使然，而是基于多方面的考虑。从1750年代开始，大西洋两岸的贵格会（Quakers）教徒便开始谴责奴隶贸易，劝说人们放弃蓄奴。但在18世纪的大部分时间里，英国人并不觉得自己国内的自由与贩卖黑人做奴隶之间有何矛盾之处。美国独立战争后，英国失去了十三州殖民地，开始反思如何站在道德的制高点——标榜自己是一个自由民主的国家：如果独立的美国仍然使用奴隶劳工，而英国不仅保护国内为数不多的黑人，而且把矛头对准奴隶贸易，这样不仅使大英帝国的自豪感得以重新树立，而且反驳了美国标榜自己更自由的说法。英国取消奴隶贸易的另一个重要原因是经济因素。18世纪中叶，英国进入自由市场经济阶段，殖民理念相应发生变化。随着工业革命的发生，凭借强大的工业生产能力，英国在海外争夺战中，逐渐占据优势，成为"世界工厂"，贸易保护已经不符合产业资本的利益，在世界范围内开展自由贸易的呼声日益高涨。工业革命之后,奴隶贸易的利润开始下降,而且,英国经济开始面向世界。工业资本主义需要更加自由的市场,要求取消对殖民地的贸易保护,取消殖民地的优惠关税。奴隶贸易和殖民地经济对英国工业革命的资本积累发挥了巨大作用;而成熟的英国工业资本对1807年废除奴隶贸易和1833年废除奴隶制起了重要作用。"18世纪的商业资本主义,通过奴隶制和垄断的方式,增殖

图10-7 街头涂鸦

了欧洲的财富。但是，商业资本主义在增殖财富的过程中，却促进了19世纪工业资本主义的形成。而后者的形成反过来却摧毁了商业资本主义的力量，摧毁了从属于它的一切行业，摧毁了奴隶制度。"

尽管近代早期的欧洲已经逐步确立起自由、民主的社会环境，大多数人已经成为独立、自由的个体。但是，不论是西班牙人、葡萄牙人还是荷兰人、英国人，他们均无视殖民地人民的意志和利益，实行屠杀或奴役的政策。尽管后来英国主动废除了奴隶贸易，但奴隶制并没有彻底从殖民地消失。15世纪到18世纪，是欧洲人向外开拓的历史，也是世界各地区连接在一起的历史，同时还是殖民地人民受苦受难的历史。在地理大发现的过程中，西欧国家率先与非洲和美洲大陆建立了联系。但无论是葡萄牙、西班牙还是荷兰、英国，欧洲人的目的是获得殖民地的资源和贵金属。最后崛起的是英国，凭借着工业化的发展和资本主义的兴起，凭借强大的武力和经济后盾完成了世界殖民版图的构建，建立了"日不落帝国"。在奴隶贸易中，英国人后来居上，从中获得了丰厚的利润。然而，也是英国，成为第一个禁止奴隶贸易的国家；无论其当时的动机如何，客观上毕竟是进步之举，是否定新型奴隶制的先声，显示了工业资本主义文明的一面。西欧殖民国家在走向自由民主的同时，对外殖民掠夺野蛮而又推行奴隶制，如此双重标准的根源在于欧洲社会"白人至上"的传统观念。奴隶制在近代早期死灰复燃，助长了种族主义；种族主义不仅使殖民地人民深受其害，法西斯主义利用种族主义横行欧洲，也使欧洲人民饱尝苦果。资本原始积累充满暴力和血腥的掠夺方式，不仅给世界落后地区的人民带来深重的灾难，也为现代社会留下很多阴影。反思这段历史，西方国家应该引以为戒。

在英国奴隶贸易的历史上，出生于布里斯托的商人爱德华·柯尔斯顿（1636—1721年）作为当时"皇家非洲"公司的最高行政副总裁，在12年的时间里，直接经手贩卖的黑奴人数累计超8.4万人，其中约1.9万人在去美洲及加勒比海地区的路上丧生。他所经手贩卖的黑奴总数，接近英国全部黑奴贸易总量的2.6%。柯尔斯顿在世时，他被称为布里斯托市的大恩人，他将自己当时的巨额财富1万英镑（这在17世纪和18世纪是一笔巨款）捐给出生地，建起学校、医院、慈善机构等。在很长的一段时间里，柯尔斯顿的名字遍布布里斯托，这里有柯尔斯顿、柯尔斯顿大厅、柯尔斯顿大道、柯尔斯顿小学等。在布里斯托市中心广场上，柯尔斯顿雕像举手托腮，低头沉思。这座雕像立于1898年，然而随着反种族歧视的呼声日益激烈，这个曾经充满辉煌的人物雕像，在2020年反种族歧视示威者的欢呼声中轰然倒下。

马克思在资本论中说："资本来到世间，从头到脚，都流着血和肮脏的东西……一有适当的利润，资本就胆大起来。如果有10%的利润，它就保证到处被使用；有20%的利润，它就活跃起来；有50%的利润，它就铤而走险；有100%的利润，它就敢践踏一切人间法律；有300%的利润，它就敢犯任何罪行，甚至冒绞首的危险。"在柯尔斯顿雕像倒地的那一刻，奴隶贩子这个称号，超过了他之前慈善家、商人、议员等所有美誉，成为一个新的历史封印。

图 10-8　布里斯托大学

第四节　一起向未来

布里斯托被称为欧洲的硅谷，许多跨国高科技公司都将它们的欧洲总部设在这里，经过近几十年的转型发展，布里斯托整体的产业结构已从原先的工程业向高科技产业转变。从港口到工业中心，再到高科技中心，布里斯托不满足于已有的成就，勇于创新且善于利用自身的优势，不断向"智慧城市"迈进。

2009年6月，英国发布了《数字英国》（Digital Britain）计划，并在宽带、移动通信、广播电视等基础设施建设方面提出了很多具体的行动规划，旨在改善基础设施状况、推广全民数字应用，致力于将英国打造成世界的"数字之都"。英国标准协会将"智慧城市"定义为"通过有效整合在建成环境中的实体、数字和人类系统，为城市居民提供可持续、美好和包容性的未来"，其核心理念是智能的、绿色生态的、可持续发展的、融合创新的，是人类理想状态的城市。2017年3月，英国政府又正式发布了《数字英国战略》（UK Digital Strategy），涵盖七大方面：数字化连接、数字化技能、数字化商业、宏观经济、网络空间、数字化政府和数据。该战略明确提出，在2020年前加速推进4G和超高速宽带部署，保持宽带普遍服务义务（最低10Mbps），在更多公共场所提供免费Wi-Fi，为全光网和5G网络拨款10亿英镑。总体上看，英国的智慧城市建设是以推进实体基础设施和信息基础设施相融合、构建城市智能基础设施体系为基础，通过移动互联网、物联网、云计算等新一代信息通信技术在城市建设各领域的充分运用，最大限度地开发、整合、利用各类城市信息资源，为经济社会发展提供便捷、高效的信息服务，以更加精细和动态的方式提升城市运行管理水平、政府行政效能和市民生活质量。智慧城市是一种形成智慧高效、充满活力、精准治理、安全有序、人与自然和谐相处的城市发展新形态和新模式。

英国智慧城市的创新之处体现在其支持数据开放、示范项目引领创新发展和鼓励城市的多元化探索。数据资源是智慧城市建设基础，大数据越来越成为各行业关注的热点。英国以政府数据开放为引领，鼓励促进基于大数据的商业创新活动，着力发展数字经济，在全球范围堪称典范。2010年，数据英国网站（www.data.gov.uk）正式开通，提供包括经济、环境、政府、社会、安全等12类内容，以此网站为入口，公众可以快速获取相关信息。成立了开放知识基金会，基于不同城市提供的研究提案，四个城市（布里斯托、格拉斯哥、伦敦和彼得伯勒）入围评选，最终格拉斯哥获得总额为2400万英镑的资金支持以用于其在公共出行、能源、交通和公共安全等领域的发展项目，布里斯托、伦敦和彼得伯勒各获得300万英镑支持，主要用于停车场、全市无线网络、智能交通、智能街道照明、社区安全和健康计划等。随后，英国未来城市创新推进中心（Future Cities Catapult，简称FCC）于2013年在伦敦成立，5年内获得5000万英镑的财政支持，旨在加速城市发展理念向市场落地转化，促进城市、学术界和

图10-9　布里斯托钟楼

企业合作形成新的智能解决方案，从而更好地推动城市发展。它正在通过格拉斯哥、伦敦、布里斯托和彼得伯勒示范项目来检验面临同样城市发展挑战的创新解决方案是否行之有效。英国未来城市创新推进中心是英国智慧城市国家创新生态体系的一部分。英国创新署作为英国数字经济战略的关键部门，先后推动成立了包括高价值制造、海洋可再生能源等10个创新中心。每个创新中心专注于不同的技术领域，都提供了一个拥有硬件设施和专业知识的空间，使得企业和研究人员能够协作解决关键问题并开发应用于商业的新产品和服务。这其中5个与智慧城市建设运营相关，即未来城市创新推进中心、数字创新中心、交通系统创新中心、卫星应用创新中心、能源系统创新中心。这些创新中心均为非营利性的独立实体中心，它们将企业与英国的研究机构和学术界联系起来，对于智慧城市相关领域创新技术的研发应用起到了积极的助推作用。英国智慧城市建设展现出来的对于人的需求的关注，对于不同主体协作的重视，以及对于资源开放的强调，都是很重要的发展经验，也是英国智慧城市不断创新的根基所在。

2015年4月，布里斯托市推出了一个独一无二的"开放的布里斯托"（Bristol Is Open）项目，联合布里斯托大学、布里斯托市议会和行业伙伴，建立数据分享和分析的平台。该项目构建了一个新型"城市运营中心"（City Operations Centre），市政府投资7500万英镑建设光纤网络，在全市范围内布置传感器。这些传感器在布里斯托城市中心建立了三个涵盖了城市生活各项信息的高速网络，其中信息包括能源供给、空气质量和交通状况等。通过这种machine-to-machine的通信，建立起来的城市系统又能够促进一系列其他应用的发展，从而极大地丰富和便利了人们的居住体验。人们可以利用这些大数据得知城市各地的交通信息、提早发布灾害预警，对火灾和犯罪行为的监控，甚至可以让城市以3D影像的方式呈现。2017年英国智慧城市指数报告从战略和执行两大纬度，采用十大指标（包括城市的愿景、目标、执行情况、环境影响和社区参与度等）对城市进行深入分析，并将最领先的20座城市分为了"领跑者"（Leaders）、"加速者"（Contenders）"和"挑战者"（Challengers）三大类型。其中布里斯托和伦敦被评为英国智慧城市的"领跑者"，而布里斯托市位列第一，成为全英"最智能化的城市"。

在以布里斯托为核心的M4高速公路（M4 Motorway，连接伦敦与威尔士南部）带上，遍布着100多家高端科技企业和知名国际公司，比如惠普、东芝、微软、甲骨文等，有5000多名科学家和工程师在此效力。此外，布里斯托的电信业尤为发达，多媒体技术的研发与应用居世界领先地位。布里斯托机器人实验室是目前欧洲最大的机器人实验室。该实验室利用尿液充当燃料进行发电，成功研制出世界上第一款采用该技术的微生物燃料电池。当然，高新产业的发展离不开人才的入驻。布里斯托拥有众多高质量学校，如布里斯托大学、西英格兰大学以及布里斯托市书院、佛利顿书院、圣三一神学院等，许多创业和创新公司都脱胎于本地高校，例如，布里斯托大学1995年成立的计算机系属于工程学院，师资力量雄厚。本科相关课程有计算机、计算机与数学。研究生阶段相关课程有高级计算机（分数据挖掘、网络安全、创意等方向）、计算机研究型课程等，都是该校的优势专业，每年吸引不少本土英国学生报考。在这样一座就业资源丰富的繁华城市里，这些教育学府和高新企业的配合，源源不断地为城市建设输送高端人才，也为布里斯托增添了更多的活力和增长空间。布里斯托转型为智慧城市的方案并非依靠技术，而是以人为主导。项目的创新之处在于建立了公共—私人—市民合作模式，聚集各方专业意见，通过信息通信技术和数字连接等智能规划，推行创新措施。一个成功的智慧城市规划都不会忽略人这个关键因素，去尝试拉近人与整个基础设施的关系，让每一个社会上的人都能够参与进来，成为智慧城市的一个部分，才能发展出真正的智慧城市，这也是在推动新城建设中值得学习的地方。正如英国国际贸易部投资部长格雷厄姆·斯图尔特（Graham Stuart）先生所言："城市化带来了机会和挑战，我们需要让城市变得更宜居，这意味着在技术引进过程中要考虑以人为本，让现在的城市环境适应人类。"有人说要让人类适应未来，而其实真正的挑战是让未来适应人类，这需要全世界的创新主体一同努力，让城市真正发挥价值来满足人们的生活需要。

城市是人类文明的摇篮。从古至今，人类的生活格局已发生了巨大变化，全球一半以上的人口居住在城市。

2019年末，新型冠状病毒感染疫情席卷全球，不仅改变了全球经济政治格局，也对人们的生活方式产生了巨大影响，对城市建设提出新的挑战。智慧城市建设对于疫情防控、防灾减灾发挥了积极作用，多地通过网格化管理精密管控、大数据分析精准研判、城市大脑综合指挥构筑起全方位、立体化的防控和服务体系，显著提高了应对疫情的敏捷性和精准度。大数据、人工智能、云计算、区块链、5G等新一代信息技术的大量应用，为决策部门提供了高效服务。除此之外，智能建筑、智慧公安、智慧政务、智慧交通等智慧城市服务平台，从各方面挖掘人们所需，解决各类生活痛点，把智能化落实到了方方面面。智慧城市平台就是由数据构成的，数据的全面与否，数据库的庞大与否，决定了这个平台是否实用、成功。但一个智慧城市平台，数据重要，人文关怀更加重要，设计师在构建平台的时候要意识到，一个个冰冷的数据后面，是无数的家庭，是人们对这个现代化城市的期许，真正了解人们所需，在数据流里注入人文的关怀，才能打造出惠民、便民、实用的智慧城市平台。

道阻且长，行则将至。

图10-10　小巷行人

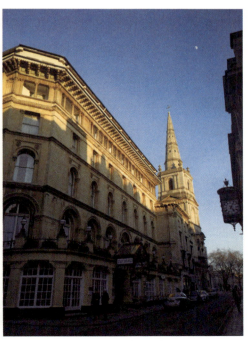

图10-11　落日余晖

参考文献

艾战胜，2014. 爱丁堡学派解构默顿科学社会学何以可能？——基于科技管理实践及哲学观的变化[J]. 理论学刊(6): 76-79.

巴恩斯，2001. 科学知识与社会学理论[M]. 鲁旭东，译. 北京：东方出版社.

贝斯基，2018. 大吉岭的盛名[M]. 黄华青，译. 北京：清华大学出版社.

本特利，宋娟娟，2014. 英国乡村：接近无限温暖的旅行[M]. 广州：广东旅游出版社.

布鲁尔，2014. 知识和社会意象[M]. 霍桂桓，译. 北京：中国人民大学出版社.

波泰格，普灵顿，2015. 景观叙事：讲故事的设计实践[M]. 张楠，许悦，译. 北京：中国建筑工业出版社.

安晓明，2017. 中英乡村环境保护比较及对中国的借鉴[J]. 世界农业，000(005): 39-43.

巴蓉，任志翔，2013. 浅析休闲体验式购物中心[J]. 建筑技艺(3): 232-235.

本刊编辑部，2021. 文艺之城爱丁堡[J]. 城市地理(8): 16-17.

卜雄伟，2021. "伯林顿文人圈"与18世纪早期的英国园林[J]. 美术大观(5): 100-103.

曹雅琴，2006. 论高尔夫球的起源与发展[J]. 体育文化导刊(6): 80-82.

陈晟，2017. 产城融合(城市更新与特色小镇)理论与实践[M]. 北京：中国建筑工业出版社.

陈椽，2018. 茶业通史[M]. 2版. 北京：中国农业出版社.

陈朋，徐清，方凯，2022. 发展历程视角下乡村振兴与国家公园融合机制研究——以英国为例[J]. 南方农村，38(1): 28-32.

陈思，刘松茯，2017. 基于史实性的历史街区与建筑遗产保护措施探析——以英国和意大利为例[J]. 城市建筑(33): 22-27.

陈煊，魏春雨，廖艳红，2012. 最大化可穿越性体验设计在丘陵城市设计中的运用——以英国爱丁堡新旧城建设为例[J]. 中国园林，28(12): 114-118.

陈玉兴，李晓东，2012. 德国、美国、澳大利亚与日本小城镇建设的经验与启示[J]. 世界农业(5): 61-63.

陈远莉，苏华成，2019. 体育小镇的国际发展模式与启示[J]. 哈尔滨体育学院学报，37(5): 55-60.

程遂营，李麦产，2017. 论特色城市建设与资源禀赋的关系——以西宁为例谈客观要素在城市发展中的作用[J]. 青海师范大学学报：哲学社会科学版，39(1): 52-56.

楚尔鸣，唐茜雅，唐欢，2022. 智慧城市建设如何提升城市创新能力？[J]. 湘潭大学学报：哲学社会科学版，46(2): 59-65.

邓位，林广思，2014. 英格兰湖区国家公园历史遗产保护及游人中心公园规划政策编制[J]. 国际城市规划，29(06): 87-92.

邓武功，等，2019a. 英国国家公园规划及其启示[J]. 北京林业大学学报：社会科学版，18(2): 32-36.

邓武功，等，2019b. 英国国家公园管理借鉴[J]. 城建档案(3): 80-84.

董禹，陈晓超，董慰，2019. 英国国家公园保护与游憩协调机制和对策[J]. 规划师，35(17): 29-35, 43.

杜云，2022. 中国智慧城市建设稳步发展的要因研究[J]. 人民论坛(3): 72-74.

方静文，2019. 文化遗产的古今关联——以英国湖区的文化遗产保护实践为例[J]. 西北民族研究(4): 199-207.

方卫华，绪宗刚，2022. 智慧城市：内涵重构、主要困境及优化思路[J]. 东南学术(2): 84-94.

费孝通, 2006. 乡土中国[M]. 上海：上海人民出版社.
冯晗, 2018. 18世纪末英国湖区的视觉呈现与文化建构[J]. 美术(11): 128-133.
盖艺方, 尹豪, 2018. 英国"特色小镇"的源起、发展及启示[J]. 风景园林, 25(8): 86-90.
高岩, 李菁, 2008. 螺桥概念设计, 埃文峡谷, 布里斯托, 英国[J]. 世界建筑(1): 48-49.
高格蒂, 2017. 英国小镇秘境之旅：90个英国小镇的前世今生[M]. 任艳, 丁立群, 译. 武汉：华中科技大学出版社.
葛知萍, 柳娥, 2021. 英国乡村旅游的经验与启示[J]. 四川旅游学院学报(6): 92-96.
耿玉东, 1999. 略论高尔夫运动的起源[J]. 深圳大学学报：人文社会科学版(3): 105-108.
郭彩虹, 2013. 英国本土的最后一战[J]. 环球军事(6): 60-61.
郭靓, 等, 2018. 国际智慧城市发展趋势与启示[J]. 中国经贸导刊(27): 35-36.
郭启贵, 高文武, 2012. 爱丁堡学派科学知识社会建构论批判[J]. 河南科技大学学报：社会科学版, 30(1): 42-47.
郭亚超, 黄浩, 2014. 分析高尔夫的文化及其旅游价值[J]. 旅游纵览（下半月）(24): 32.
郭占锋, 李琳, 2019. 借鉴英国小镇发展经验 指导我国乡村振兴战略[J]. 中国食品(9): 26-27.
韩刚, 于新东, 2015. 特色小镇的发展路径研究[J]. 环球市场信息导报(21): 27-31.
韩雪妍, 2021.《最后一个吟游诗人的歌》翻译中苏格兰性的体现[J]. 中国民族博览(8): 114-118.
何宁, 栾天宇, 2021. 彭斯诗歌的中译与苏格兰性[J]. 西北工业大学学报：社会科学版(1): 65-71.
何尚汉, 2013. 中国产业转型与现代服务业集聚区的构建——基于南宁高新区的视角[J]. 改革与战略(7): 83-87.
胡杨, 2004. 从强纲领到社会学有限主义——爱丁堡学派研究纲领的转变述评[J]. 自然辩证法通讯, 26(1): 41-47, 111.
华薇娜, 2010. 被光环遮掩了的伟人——牛津大学博德利图书馆第一任馆员詹姆斯[J]. 图书馆论坛(2): 169-170, F0003.
红华, 周晖, 2015. 英国大学图书馆文化政策研究——以牛津大学博德利图书馆为例[J]. 图书馆(12): 72-76.
黄海弟, 2010. 高尔夫相伴的日子 夕阳下的圣安德鲁斯小镇[J]. 世界高尔夫(11): 126-127.
霍华德, 2020. 明日——真正改革的和平之路[M]. 包志禹, 卢建松, 译. 北京：中国建筑工业出版社.
卡林沃思, 纳丁, 2011. 英国城乡规划[M]. 陈闵齐, 周剑云, 戚冬瑾, 等, 译. 南京：东南大学出版社.
克罗斯比, 2019. 哥伦布大交换——1492年以后的生物影响和文化冲击[M]. 宫昀, 译. 上海：上海外语教育出版社.
库恩, 2022. 科学革命的结构[M]. 张卜天, 译. 北京：北京大学出版社.
李晨光, 谢子涵, 陈思羽, 2017. 英国城市复兴中的文脉传承——以苏格兰双子城爱丁堡和格拉斯哥为例[J]. 城市建筑(33): 51-55.
李海云, 2020. 罗马人留给英国的遗产[J]. 世界文化(09): 57-61.
李季, 吴良顺, 2019. 世界特色小镇经典案例[M]. 北京：中国建筑工业出版社.
李娟娟, 张纯, 李冬梅, 等, 2009. 英国园林自然式植物景观形成探究[J]. 西北林学院学报, 24(4): 178-181.
李乐虎, 黄晓丽, 2018. 国外体育特色小镇建设的经验及启示[J]. 吉林体育学院学报, 34(5): 19-25.
李麒麟, 2020. 英国科茨沃尔德特色田园乡村的建设经验[J]. 价值工程, 39(8): 89-90.
李新, 文宇, 张岳霖, 2011. 浅谈英国奴隶贸易对非洲的影响[J]. 学理论(7): 74-75.
李新英, 2008. 苏格兰风情：《勇敢的心》之文化解读[J]. 北京电影学院学报(6): 101-103.

李迅, 2012. 错位独特的中小城市发展目标与路径选择[J]. 上海城市管理(2): 56-70.
李育菁, 竺頔, 2021. 场域与资本理论视角下世界"文学之都"的建构脉络研究[J]. 出版发行研究(5): 98-104.
李谕藩, 2017. 发生学视角下高尔夫运动的起源及其特点[J]. 当代体育科技, 7(29): 207-209, 212.
廖四顺, 2019. 乡村振兴视域下英国乡村旅游发展经验及启示[J]. 对外经贸(5): 67-70.
林海, 2008. 英国湖区的浪漫品牌启示[J]. 品质(1): 74-77.
林海丽, 2016. 英国农业休闲旅游发展的经验与启示[J]. 世界农业(4): 130-134.
林倩敏, 2016. 英国学习型城市建设体系探究——以布里斯托市为例[J]. 深圳职业技术学院学报, 15(6): 33-39, 45.
刘红芹, 汤志伟, 崔茜, 等, 2019. 中国建设智慧社会的国外经验借鉴[J]. 电子政务(4): 9-17.
刘娟, 刘姗, 苗清蛟, 2020. 文化维度下的英国约克和巴斯古城保护[J]. 工业建筑, 50(4): 180-185.
刘少杰, 胡晓红, 2009. 当代国外社会学理论[M]. 北京: 中国人民大学出版社.
刘亭, 2015. 有效投资的风口——特色小镇[J]. 经贸实践(11): 39-40.
刘晓光, 王浩, 2015. 17至18世纪中国园林文化对英国园林转型的影响[J]. 东疆学刊, 32(2): 60-66.
刘亦师, 2021. 卫生观念、审美取向与城乡传统: 英国田园城市设计手法之源从及其演进[J]. 世界建筑(9): 54-59, 136.
刘章才, 2021. 英国茶文化研究(1650-1900)[M]. 北京: 中国社会科学出版社.
鲁志琴, 陈林祥, 2019. 国内外体育小镇发展的社会背景比较[J]. 山东体育学院学报(3): 32-36.
陆邵明, 2018. 浅议景观叙事的内涵、理论与价值[J]. 南京艺术学院学报: 美术与设计(3): 59-67, 209.
陆伟芳, 2011. 历史遗存与现代城市的有机结合——英国约克的古城保护[J]. 城市观察(3): 21-28.
陆伟芳, 2017. 1851年以来英国的乡村城市化初探——以小城镇为视角[J]. 社会科学(04): 153-167.
栾开印, 2021. "文学之都"与南京城市文化品牌[J]. 城市学刊, 42(3): 83-86.
罗之基, 1985. 佤族的人祭及其革除[J]. 民族学研究: 260-270.
马洪波, 2017. 英国国家公园的建设与管理及其启示[J]. 青海环境, 27(1): 13-16.
马文博, 朱亚成, 杨越, 等, 2018. 中外体育特色小镇发展模式的对比及启示[J]. 四川体育科学, 37(5): 71-73, 79.
马英龙, 莫再美, 王运土, 2021. 中外体育特色小镇对比研究[J]. 辽宁体育科技, 43(4): 20-23.
麦克法兰, 2016. 绿色黄金[M]. 扈喜林, 译. 北京: 社会科学文献出版社.
蒙祥忠, 2018. 饮食里的象征、社会与生态——对贵州水族九阡酒的人类学考察[J]. 西南民族大学学报: 人文社会科学版, 39(3): 22-29.
倪正春, 许诺, 2019. 自由的悖论: 早期殖民国家的双重标准[J]. 经济社会史评论(4): 74-82.
宁尚尚, 王慧, 胡炜, 2021. 景观叙事在历史文化街区中的应用[J]. 建筑与文化(5): 196-197.
帕克斯曼, 2000. 英国人[M]. 严维明, 译. 上海: 上海世纪出版集团.
彭顺生, 2016. 中国乡村旅游现状与发展对策[J]. 扬州大学学报(人文社会科学版)(1): 94-98.
彭兆荣, 2013. 饮食人类学[M]. 北京: 北京大学出版社.
彭兆荣, 李春霞, 2021. 运河体系中的水遗产[J]. 原生态民族文化学刊, 13(2): 59-67, 154.
钱乘旦, 2021. 英国社会转型研究丛书[M]. 南京: 南京师范大学出版社.
钱乘旦, 许洁明, 2021. 英国通史(修订本)[M]. 上海: 上海社会科学院出版社.
强雯, 2021. 英国爱丁堡: 永恒的荷尔蒙之城[J]. 城市地理(1): 125-126.
秦晴, 2015. 温泉古城 人间天堂——英国世界文化遗产城巴斯[J]. 文化月刊(10Z): 82-85.
邱天怡, 刘松茯, 常兵, 2013. 审美体验下的当代西方景观叙事研究[J]. 华中建筑, 31(4): 13-16.

饶传坤, 2006. 英国国民信托在环境保护中的作用及其对我国的借鉴意义[J]. 浙江大学学报：人文社会科学版(6): 81–89.

人民政协网, [2020-12-04](2020-04-19). 莎士比亚的故乡有一座牡丹亭[EB/OL]. https: //baijiahao.baidu.com/s?id=1685127621555054340&wfr=spider&for=pc.

沈晔冰, 2015. 旅游在特色小镇建设中具有重要的地位与作用[J]. 政策瞭望(10): 21–24.

石秀廷, 2018. 体育特色小镇建设的国际经验及其启示[J]. 广州体育学院学报, 38(2): 39–42, 67.

司红十, 金玉, 2020. 欧美发达国家乡村旅游旅游模式及其对承德的启示[J]. 城市旅游规划(3): 121–122.

苏晓毅, 2017. 英国建筑简史[M]. 北京：中国建筑工业出版社.

孙九霞, 苏静, 2011. 人类学与社会学视野中的旅游：对话与思辨[J]. 旅游学刊, 26(11): 93–94.

孙轩, 2021. 多维定义下的智慧城市建设：来自英国的实践经验[J]. 城市观察(6): 135–148.

塔隆, 2017. 英国城市更新[M]. 杨帆, 译. 上海：同济大学出版社.

泰勒, 2003. 英国园林[M]. 高亦珂, 译. 北京：中国建筑工业出版社.

唐迁乔, 2011. 英国湖区自然保护区：找寻"湖畔派"的过往[J]. 风景名胜(11): 134–141, 134, 14.

陶金, 2021. 英国约克大教堂[J]. 世界宗教文化(2): 190–190.

汪志明, 赵中枢, 1997. 英国历史古城保护规划的发展和实例分析[J]. 国外城市规划(3): 15–18.

王村华, 2016. 英国建筑文化探析[J]. 上海房地(10): 51–51.

王丹蕾, 2014. 品味苏格兰威士忌文化——访安南代尔酿酒厂CEO David Thomson先生[J]. 中国食品工业(2): 38–40.

王江, 许雅雯, 2016. 英国国家公园管理制度及对中国的启示[J]. 环境保护(13): 63–65.

王江波, 陈敏, 苟爱萍, 2020. 英国布里斯托尔韧性城市策略研究及启示[J]. 安徽建筑, 27(7): 35–37, 40.

王昆仑, 2009. 高尔夫球起源考辨[J]. 武汉体育学院学报, 43(12): 68–70.

王天赋, 孟晓惠, 2020. 城市工业遗产转型公园景观叙事策略研究[J]. 园林(1): 52–57.

王应临, 杨锐, 埃卡特·兰格, 2013. 英国国家公园管理体系评述[J]. 中国园林, 29(9): 11–19.

王兆君, 张占贞, 2011. 国外小城镇建设经验、教训对我国东部沿海地区村镇建设的启示[J]. 经济问题探索(1): 34–39.

韦淞元, 2022. 英国巴斯皇家新月楼[J]. 环球科学(4): 72–73.

魏磊, 2008. 英国生态环境保护政策与启示[J]. 节能与环保(12): 15–17.

吴江, 2014. 约克城：英国古城的新历史[J]. 城市住宅(3): 80–81.

吴景龙, 袁华军, 2001. 国外小城镇建设与发展模式及其对我国的启示[J]. 环球博览：70–71.

吴林淋, 2020. 二战后英国城市更新的发展及其启示[J]. 建材与装饰(11): 97–98.

吴新悦, 2021. 符号化食物与可持续性饮食系统——基于新近国外饮食人类学研究的述评[J]. 科学. 经济. 社会, 39(2): 89–96.

吴修申, 2010. 英国：从头号奴隶贩子到国际废奴运动的积极推动者[J]. 历史教学：上半月(7): 63–66.

吴振华, 2013. 佤族社会文化变迁研究[D]. 北京：中央民族大学.

乌克斯, 2011. 茶叶全书[M]. 侬佳, 刘涛, 姜海蒂, 译. 北京：东方出版社.

西敏思, 2010. 甜与权力：糖在近代历史上的地位[M]. 王超, 朱健刚, 译. 北京：商务印书馆.

夏连珠, 2017. "野外"大梦想：英国旅游小镇集群[J]. 北京规划建设(03): 51–57.

向东, 2009. 英国人利用谷歌地图搜寻到"尼斯湖水怪"[J]. 中国测绘(5): 87–87.

筱鹧, 2021. 苏格兰威士忌2020年出口中国总量增长20.4%[J]. 酿酒科技(3): 126.

肖坤冰, 2012. 茶叶的流动[M]. 北京：北京大学出版社.

肖坤冰,彭兆荣,2008. 多维视野中的人类学西南研究——著名人类学者彭兆荣教授专访[J]. 西南民族大学学报: 人文社会科学版, 29(4): 66-72.

谢海长,2009. 华兹华斯的《湖区指南》与审美趣味之提升[J]. 东北大学学报: 社会科学版, 11(6): 544-549.

邢乐斌,李晓雯,2022. 中外比较视域下我国体育特色小镇发展研究[J]. 可持续发展, 12(1): 71-80.

徐菲菲,2015. 制度可持续性视角下英国国家公园体制建设和管治模式研究[J]. 旅游科学, 29(3): 27-35.

薛红星,2013. 中国特色镇概论[M]. 北京: 中国城市出版社.

杨惠芳,2012. 华兹华斯与英国风景价值的多维呈现[J]. 理论月刊(7): 179-183.

杨惠芳,2014. 华兹华斯对英格兰湖区的情感再造[J]. 大连海事大学学报: 社会科学版, 13(3): 87-90.

杨丽君,2014. 英国乡村旅游发展的原因、特征及启示[J]. 世界农业(7): 157-161.

叶小瑜,谢建华,董敏,2017. 国外运动休闲特色小镇的建设经验及其对我国的启示[J]. 南京体育学院学报: 社会科学版, 31(05): 54-58.

尹豪,贾茹,2016. 现代主义对英国园林的影响浅析[J]. 风景园林(6): 30-35.

余红艳,2014. 走向景观叙事: 传说形态与功能的当代演变研究——以法海洞与雷峰塔为中心的考察[J]. 华东师范大学学报: 哲学社会科学版(2): 110-117, 155.

余红艳,2015. "白蛇传"传说的景观叙事与语言叙事[J]. 湖北大学学报: 哲学社会科学版, 42(4): 97-102.

虞志淳,2019. 英国乡村发展特色解析[J]. 小城镇建设(3): 12-17.

羽离子,2002. 高尔夫的故乡——圣安德鲁斯[J]. 世界博览(7): 21-23.

约克,2018. 英式乡村建筑艺术[M]. 潘艳梅, 译. 武汉: 华中科技大学出版社.

臧建东,章其波,王军,等,2018. 创新发展理念 扎实推进智慧城市建设——英国和爱尔兰智慧城市建设的做法与启示[J]. 中国发展观察(17): 52-55.

詹杜颖,2016. 品牌效应下的特色小镇构建研究[D]. 杭州: 浙江工业大学: 33-39.

张宝雷,张月蕾,徐成立,等,2018. 国外体育特色小镇建设经验与启示[J]. 山东体育学院学报, 34(4): 47-51.

张代蕾,2021. 英国的绿色城市试验[J]. 福建质量技术监督(5): 60-60.

张海云,2020. 英国古堡、古镇和古城文化旅游教育研究——以刘易斯小镇为主要考察对象[J]. 青海民族研究, 31(4): 79-83.

张健健,2011. 19世纪英国园林艺术流变[J]. 北京林业大学学报: 社会科学版, 10(2): 32-36.

张杰,1989. 复杂的问题 谦逊的答案——从约克市考波街商业区的发展看新与旧的结合[J]. 城市规划(2): 36-39.

张金鹏,1992. 大西洋的国际贸易与利物浦的城市近代化[J]. 云南民族大学学报: 哲学社会科学版(3): 55-60.

张俊伟,2018. Xilinx技术支持英国布里斯托大学打造5G"超互联"城市社会[J]. 电信工程技术与标准化, 31(4): 25-25.

张莉,苗春晓,2007. 默顿学派与爱丁堡学派思想之比较[J]. 重庆邮电大学学报: 社会科学版, 19(3): 86-89, 130.

张琳,2008. 高尔夫圣地: 圣安德鲁斯[J]. 城色(9): 66-69.

张朋,王波,2003. 国外社区参与旅游发展对我国的启示——以英国南彭布鲁克为例[J]. 福建地理(12): 38-45.

张书杰,庄优波,2019. 英国国家公园合作伙伴管理模式研究——以苏格兰凯恩戈姆斯国家公园为例[J].

风景园林, 26(4): 28-32.

张兴, 2021. 谋求城市保护与现代发展共赢之路——英国城市更新实践经验与借鉴意义[J]. 现代城市研究 (12): 56-60.

张旭, 陈晓律, 2009. 英国大众废奴运动的兴起: 社会运动的视角[J]. 学海(3): 151-158.

张亚东, 2004. 试论18世纪英帝国的奴隶贸易[J]. 学海(2): 111-120.

张振宇, 2021. 国外体育特色小镇建设现状与启示[J]. 文体用品与科技(1): 19-20.

章静雅, 2008. 牛津大学图书馆管理特色借鉴[J]. 中小学图书情报世界(1): 56-58.

赵翠凤, 2013. 比阿特丽克斯·波特与"彼得兔"[J]. 世界文化(06): 16-17.

赵蕃蕃, 2018. 英国智慧城市发展创新路径[J]. 中国经贸导刊(27): 14-15, 34.

赵红梅, 2022. 旅游者隐喻: 西方旅游人类学的认识论困境及其反思[J]. 云南师范大学学报: 哲学社会科学版, 54(1): 73-84.

赵晶, 张宝鑫, 2016. 试论18世纪到19世纪早期英国城市景观与英国自然风景园的内在同一性: 以巴斯、爱丁堡和伦敦的城市景观规划为例[J]. 风景园林(5): 35-40.

赵烨, 高翅, 2018. 英国国家公园风景特质评价体系及其启示[J]. 中国园林, 34(7): 29-35.

赵永莉, LLIFF D, 2013. 英国湖区 湖畔童话和最美的田园诗[J]. 环球人文地理(7): 156-165.

周昊天, 阎瑾, 赵红红, 2017. 滨水区活力营造策略探析——以英国布里斯托尔码头区为例[J]. 华中建筑, 35(2): 89-92.

周艳梅, 唐雪琼, 曾莉, 等, 2021. 乡村景观的审美分异: 感知与认知路径的对比研究[J]. 中国园林, 37(11): 92-97.

赵泽洪, 2007. 对佤族猎头习俗的历史认知与释读——兼论佤族传统文化的现代转型问题[J]. 思茅师范高等专科学校学报(5): 6-9.

赵紫伶, 于立, 陆琦, 2018. 英国乡村建筑及村落环境保护研究——科茨沃尔德案例探讨[J]. 建筑学报(7): 113-118.

郑金芳, 2005. 国外小城镇发展理论综述[J]. 经济综合(3): 78-79.

郑小东, 丁宁, 2015. 从布景到事件 记英国园林中的点景建筑[J]. 风景园林(12): 28-34.

钟丽锦, 白庆中, 2002. 可持续发展的"零排放"生态城市模式初探[J]. 环境污染治理技术与设备(5): 89-92.

周晨, 2021. 欧洲大学图书馆数据馆员实践进展研究——以牛津大学图书馆为例[J]. 晋图学刊(5): 29-34, 61.

周珺, 2017. 历史遗迹与现代城市的和谐共生: 比较南京明城墙和约克古城墙[J]. 建筑与文化(4): 222-223.

周露, 刘阿琳, 2021. 英国Cotswolds地区建筑风貌研究[J]. 华中建筑, 39(1): 25-29.

周露, 张帆, 2021. 英国科茨沃尔德小镇建筑空间特色研究[J]. 建筑与文化(4): 250-253.

周洋, 2015. 英国城市遗产保护[D]. 杭州: 杭州师范大学.

朱洪军, 张林, 鲍明晓, 2018. 体育特色小镇的国际案例分析与主要启示[J]. 山东体育学院学报, 34(6): 28-34.

朱蓉, 吴尧, 2015. 爱丁堡老城和新城的保护管理经验[J]. 工业建筑, 45(5): 6-9.

朱晓明, 2007. 当代英国建筑遗产保护[M]. 上海: 同济大学出版社.

左永平, 2003. 佤族猎头与剽牛——原始宗教祭祀仪式的典型方式[J]. 文山师范高等专科学校学报(2): 17-21.

BARRON A J M, UHLEMANN S, POOK G G, et al., 2016. Investigation of suspected gulls in the Jurassic limestone strata of the Cotswold Hills, Gloucestershire, England using electrical resistivity tomography[J/OL]. Geomorphology(268): 1-13[2022-03-01]. https: //www. sciencedirect. com/science/article/pii/S0169555X16303683

Bodleian Libraries, 2022. Find a library[EB/OL]. [2022-03-01]. https: //www. bodleian. ox. ac. uk/libraries.

Cotswold District Council, 2022a. The Official Cotswolds Tourist Information Site[EB/OL]. [2022-03-01]. https: //www. cotswolds. com.

Cotswold District Council, 2022b. Planning Guidance for Owner, Occupiers and Developers[EB/OL]. [2022-03-01]. http: //www. cotswold. gov. uk/media/243631/Conservation-area-Bibury. pdf.

Encyclopedia Britannica, 2022. Highland [EB/OL]. [2022-04-08]. https: //www. britannica. com/place/Highland-council-area-Scotland.

GAO J, WU B, 2017. Revitalizing traditional villages through rural tourism: A case study of Yuanjia Village, Shaanxi Province, China[J/OL]. Tourism Management, 63(dec.): 223-233[2022-03-01]. http: //www. stoneroof. org. uk/Tewksbury%20 stone%20slate%20 roofing. pdf. Jonathan D. Paul, Nick Watson, Edward Tuckwell, 2018. Comparison between scarp and dip-slope rivers of the Cotswold Hills, UK[J/OL]. Proceedings of the Geologists' Association, 129(1): 57-69[2022-03-01]. https: //www. sciencedirect. com/science/article/pii/S0016787817301554

PEERS L, 2011. Shrunken heads[D], Pitt Rivers Museum, University of Oxford.

Pitt Rivers Museum, 2022. About us[EB/OL]. [2022-03-01]. https: //www. prm. ox. ac. uk/about-us.

Pitt Rivers Museum, 2022. Shrunken heads[EB/OL]. [2022-03-03]. https: //www. prm. ox. ac. uk/shrunken-heads.

Shakespeare Birthplace Trust, 2022. Support Us[EB/OL]. [2022-04-18]. https: //www. shakespeare. org. uk/support-us/.

University of Oxford, 2022. Magdalen College[EB/OL]. [2022-03-01]. https: //www. ox. ac. uk/admissions/undergraduate/colleges/college-listing/magdalen-college.

WANG H, GUAN Y, HU R, et al., 2022. Willingness for community-based and institutional eldercare among older adults: a cross-sectional study in Zhejiang, China[J/OL]. BMJ Open 2022, 12: e055426[2022-03-01]. doi: 10. 1136/bmjopen-2021-055426